高校校园网络
信息安全构建与对策研究

刘振国 ◎ 著

吉林出版集团股份有限公司
全国百佳图书出版单位

图书在版编目（CIP）数据

高校校园网络信息安全构建与对策研究 / 刘振国著
. -- 长春：吉林出版集团股份有限公司，2022.7
ISBN 978-7-5731-1802-8

Ⅰ. ①高… Ⅱ. ①刘… Ⅲ. ①高等学校－校园网－信息安全－安全管理－研究 Ⅳ. ①TP393.18

中国版本图书馆CIP数据核字(2022)第138669号

高校校园网络信息安全构建与对策研究
GAOXIAO XIAOYUAN WANGLUO XINXI ANQUAN GOUJIAN YU DUICE YANJIU

著　　者　刘振国
出 版 人　吴　强
责任编辑　朱子玉
助理编辑　张　梦
装帧设计　北京万瑞铭图文化传媒有限公司
开　　本　787mm × 1092mm　1/16
印　　张　7.75
字　　数　172千字
版　　次　2022年7月第1版
印　　次　2022年7月第1次印刷

出　　版　吉林出版集团股份有限公司
发　　行　吉林音像出版社有限责任公司
（吉林省长春市南关区福祉大路5788号）
电　　话　0431-81629667
印　　刷　三河市嵩川印刷有限公司

ISBN 978-7-5731-1802-8　　定　价　50.00元

前 言

信息安全问题是当前世界范围内各种机构组织亟待解决的问题之一。与以往只关注信息安全的技术研究不同，信息安全问题实际上还包括技术、管理和法律在内的系统工程。高校人员密集，信息安全是校园治安防控体系的重要组成部分，应切实筑牢校园安全屏障，确保高校安全形势持续稳定。

人类在信息的海世界中生存和发展，正是通过信息来区别不同事物，认识不同事物和改造世界的。信息安全，尤其是高校的信息安全，一直是广大师生都十分关注的话题。当前，虽然我国出台了一些相关政策和管理办法，据专家分析，由于专职的安全监管机构的缺失，使得信息系统安全工作很难落实。然而，高校的信息化虽然取得了快速发展，但其背后隐藏着可怕的问题：比如，数据大集中的高校中有大多数的高校虽然做了系统灾难备份中心的建设，但真正能实现业务连续管理的，估计只有少数。再比如，最近，高校系统故障不断，出现了安全事故，校方还不知道有黑客造访。邮箱系统无法正常使用、教务系统中的文件不能正常下载等，这一切都为校园信息安全敲响了警钟。

随着高校顺应信息化趋势的开放和互联，其信息安全范畴已经突破了以业务系统物理隔离和协议隔离为基础的传统信息安全。我们必须在一个日趋开放的系统平台上重新审视高校的信息安全问题。高校是国家政策要求实施安全等级保护的关键信息基础设施的重点系统。因此，如何建立一个高效的现代信息安全体系，日益成为突出的问题。本书从国内外有关信息安全管理的现实情况出发，论述了加强高校信息安全管理的重要性；研究了信息安全的基本理论；从高校实际情况出发，分析目前信息安全的现状，面临问题的原因分析，提出不仅需要从管理角度加强法律法规建设，健全管理体系、提高师生的安全意识上下功夫，并且从技术角度给出了高校信息安全防护的应用方案，最后对研究工作做了简要的总结，并提出了进一步研究的设想。

目 录

第一章 网络信息安全概况 1
第一节 网络信息安全基础 1
第二节 网络信息安全威胁与治理挑战 10
第三节 网络信息安全技术发展 11
第二章 高校网络信息安全现状 14
第一节 高校网络安全建设概况 14
第二节 高校信息安全建设概况 16
第三节 高校网络信息安全建设中遇到的问题及分析 22
第三章 高校网络信息安全保障体系建设 25
第一节 国家加强信息安全立法体系 25
第二节 高校健全校园网络信息安全管理体系 29
第三节 建立高校信息安全事件应急处理机制 34
第四章 高校网络信息资源管理 36
第一节 高校网络资源管理 36
第二节 高校信息资源管理 39
第三节 高校网络信息资源管理的发展 53
第五章 高校网络信息安全管理 58
第一节 高校网络安全管理 58
第二节 高校信息安全管理 60
第三节 高校网络信息安全管理策略 66
第四节 高校网络信息安全管理的发展 73
第六章 高校校园网络安全文化建设 92
第一节 高校校园文化与网络安全的关联 92
第二节 网络文化背景下的高校校园文化建设 94

第三节 高校校园网络安全文化构建与发展 97
第七章 新媒体环境下高校网络思想政治教育 101
第一节 新媒体对话高校思想政治教育 101
第二节 高校思想政治教育登录移动微端 106
第三节 网络思想政治教育中的“安全”议题 111
参考文献 118

第一章 网络信息安全概况

第一节 网络信息安全基础

目前，学术界对信息安全的界定不尽相同，有学者认为，信息安全是要保障信息化健康发展，防止信息化发展过程中出现的各种消极和不利因素，这些消极和不利因素不仅仅表现为信息被非授权窃取、修改、删除以及信息系统被非授权中断，还更深刻地表现为对国家安全、公众利益和个人权益的影响。这种影响可能源于计算机、网络、系统的技术原因，也可能源于信息内容本身。有学者认为，信息安全就是以不同形式存在和流动于计算机、磁带、磁盘、光盘和网络上的各种信息不受威胁和侵害。本书认为，信息安全就是采取各种措施保障系统中存储、传输、交换的信息的真实性、保密性、完整性、可用性和不可抵赖性。

网络是信息系统通过互联网组件集合的实现。这些互联网组件包括：路由器、集线器、布线、电信控制器、密钥分发中心和技术控制设备。对网络安全的定义则等同于信息保障，即通过确保可用性、完整性、可验证性、机密性和不可抵赖性来保护信息和信息系统，包括利用综合保护、监测和反应能力来使信息得以恢复，以保障网络安全。从这个定义不难看出，信息安全与网络安全具有交叉性和融合性。无论互联网如何发展，信息安全都是网络安全的核心内容。

信息安全开始向网络安全聚焦，经历了一个逐步发展和逐步强化的过程，表现为随着互联网在全世界的普及与应用，信息安全更多地聚焦于网络数字世界。网络带来的诸多安全问题成为信息安全发展的新趋势和新特点，已很难直接用“信息安全”一词来准确表述网络安全和网络空间安全的新进展，且无法深刻揭示网络安全和网络空间的新特征。因此，在进入 21 世纪的多年中，已逐步将“网络安全”与“网络空间安全”并用，而网络安全与网络空间安全的使用频度不断增加，这在发达国家的相关文献中尤为突出，而我国相对滞后。

随着技术的进步，人类的活动疆域从陆地、海洋逐渐向天空、太空扩展，而网络空间是与上述四个传统疆域并列的第五域。在相当长的一段时间内，网络空间被错误地理解为超越现实空间的领域，不受国家控制，更不受国际规则限制。但近年来，各国纷纷出台相关网络战略，出于各自国情与国内外战略的考虑，无一例外地加大了对信息流动的管理力度。

网络是指由计算机或者其他信息终端及相关设备组成的，按照一定的规则和程序对信息进行收集、存储、传输、交换、处理的系统。网络安全是指通过采取必要措施，防范对网络的攻击、侵入、干扰、破坏和非法使用以及意外事故，使网络处于稳定可靠运行的状态，以及保障网络数据的完整性、保密性、可用性的能力。

一、网络安全治理的内涵

网络安全治理在很多著作和论文中被当成不言自明的名词，迄今尚无人对网络安全治理的含义进行梳理界定。网络安全治理是网络空间治理的重要组成部分，是为了保障网络安全，维护网络空间主权和国家安全、社会公共利益，保护公民、法人和其他组织的合法权益，在党的领导下，在国家网信部门的统筹协调下，在企业、研究机构、高等学校、行业组织的参与下，依法对我国境内建设、运营、维护和使用网络，以及网络安全的监督管理。

本书对网络安全治理的定义包含以下四个要点。

（一）网络安全治理是网络空间治理的重要组成部分

按照本书界定的网络空间治理的内涵，网络空间治理的范围覆盖技术和政策，包含互联网的应用和发展。而网络安全治理要解决的是互联网应用和发展中出现的安全问题，既包括保护网络信息安全，也包括维护网络运行安全。

（二）网络安全治理主体

按照性质，网络安全治理主体分为三个层次：顶层是中国共产党的领导，具体表现在网络安全治理的最高领导机构是中央网络安全和信息化委员会。中层是各级政府部门，包括国家互联网信息办公室、国务院电信主管部门、公安部门和其他有关机关、县级以上地方人民政府有关部门在内。底层是企业、研究机构、高等学校、互联网的相关行业组织等。按照职能，网络安全治理各主体分工明确：国家网信部门负责统筹协调网络安全工作和相关监督管理工作；国务院电信主管部门、公安部门和其他有关机关依照《中华人民共和国网络安全法》和有关法律、行政法规的规定，在各自职责范围内负责网络安全保护和监督管理工作；县级以上地方人民政府有关部门的网络安全保护和监督管理职责，按照国家有关规定确定。

（三）网络安全治理的对象与应用范围

网络安全治理的对象是建设、运营、维护和使用网络，以及网络安全问题，既包括网络内容安全，也包括网络运行安全。从应用范围看，网络安全治理的地域范围主要指我国境内，但由于网络活动的特殊性，网络安全治理的应用范围还应包括预防和处理来自国外或境外的网络攻击以及其他涉网违法行为。

（四）网络安全治理的目的

网络安全治理的首要目的是保障网络安全，防范对网络的攻击、侵入、干扰、破坏、非法使用等，提高网络安全保护能力和水平，保障网络处于稳定可靠的运行状态，保障网络存储、传输、处理信息的完整性、保密性、可用性。其次，网络安全治理的目的是维护网络空间主权和国家安全、社会公共利益。特别需要说明的是，网络空间主权是国家主权在网络空间的体现和延伸，是我国维护国家安全和利益、参与网络国际治理与合作所坚持的重要原则。最后，网络安全治理的目的是保护公民、法人和其他组织的合法权益，促进经济社会信息化健康发展。

二、网络安全治理的方针

国家坚持网络安全与信息化发展并重，遵循积极利用、科学发展、依法管理、确保安全的方针，推进网络基础设施建设和互联互通，鼓励网络技术创新和应用，支持培养网络安全人才，建立健全网络安全保障体系，提高网络安全保护能力。这一条款明确了互联网治理的基本方针。

（一）积极利用

积极利用，就是要主动适应互联网发展的要求，积极应对网络发展带来的挑战，充分利用网络技术，开发利用信息自由，促进信息交流和知识共享，发挥网络推动经济社会发展各方面的作用。

（二）科学发展

科学发展，就是把握互联网发展特点，尊重网络发展规律，科学决策，合理布局，加强顶层设计和规划，促进网络技术和产业规范健康可持续发展。当前，从国内环境看，我国已经进入新型工业化、信息化、城镇化、农业现代化同步发展的关键时期，信息革命为我国加速完成工业化任务、跨越“中等收入陷阱”、构筑国际竞争新优势提供了历史性机遇，也警示我们面临不进则退、慢进亦退、错失良机的巨大风险。

（三）依法管理

依法管理，就是要加强互联网领域法制建设，推进科学立法、严格执法、公正司法、全民守法，保障网络安全和信息化发展始终在法治的轨道上进行。依法构建良好网络秩序，保护网络空间信息依法有序自由流动，保护个人隐私，保护知识产权。任何组织和个人在网络空间享有自由、行使权利的同时，须遵守法律，尊重他人权利，对自己在网络上的言行负责。

（四）确保安全

确保安全，就是要针对网络安全领域的突出问题，提高防范网络安全风险、抵御网络安全威胁的能力和水平，切实保障网络安全，维护网络空间主权和国家安全、社会公共利益。要强化信息安全保障，完善国家网络安全保障体系，加强重要信息系统和数据资源保护，提高网络治理能力，保障国家信息安全。我国加强互联网内容建设，建立网络综合治理体系，营造清朗的网络空间，取得显著成绩。建立网络综合治理体系是一项宏大的系统工程，涉及多个主体，渗透政治、经济、文化、社会等方方面面，既包括党委领导、政府管理、企业履责、社会监督、网民自律等多主体参与，也需要依靠经济、法律、技术等多种手段；既需要充分运用硬权力，如开展净网行动，依法严厉打击侵犯公民个人信息、黑客攻击破坏等突出网络违法犯罪，依法严厉打击涉“暗网”等新型犯罪活动，及时预警处置网络相约犯罪，配合侦查打击黑恶、电信网络诈骗、涉枪涉爆等犯罪，切实保障人民群众生命财产安全，也需要充分运用软权力。

三、网络安全治理的原则

根据习近平总书记关于网络安全和信息化的系列讲话，结合《中华人民共和国网络安全法》的核心内容，以及相关法律、法规、政策的规定，我们认为，网络安全治理的基本原则主要包括以下五个方面。

（一）网络安全与信息化发展并重原则

网络安全和信息化是一体之两翼、驱动之双轮，必须统一谋划、统一部署、统一推进、统一实施。做好网络安全和信息化工作，要处理好安全和发展的关系，做到协调一致、齐头并进，以安全保发展、以发展促安全，努力建久安之势、成长治之业。网络安全和信息化是相辅相成的。安全是发展的前提，任何以牺牲安全为代价的发展都难以持续。发展是安全的保障，不发展是最大的不安全。没有信息化发展，网络安全也没有保障，已有的安全甚至会丧失。安全和发展要同步推进。

（二）统一领导下的协同合作原则

国家网信部门负责统筹协调网络安全工作和相关监督管理工作。国务院电信主管部门、公安部门和其他有关机关依照本法和有关法律、行政法规的规定，在各自职责范围内负责网络安全保护和监督管理工作。我国网络安全治理由国家网信部门统一领导，由国务院电信部门、公安部门和其他有关机关协同合作完成，体现了统一领导下的协同配合原则。这是由网络安全问题的复杂性决定的，随着互联网的快速发展，网络空间安全问题的深度和广度不断拓展，传统的管理和执法分工已无法应对新形势下的新问题，统一领导下的协同合作是应对网络安全严峻挑战的必然选择。

（三）“谁主管谁负责、谁运行谁负责”原则

“谁主管谁负责”原则是行政管理的通用原则，也是确保网络安全治理责任末端落实的基本原则之一。旨在督促各级各主管部门恪尽职守、履职尽责，要求各级领导、各个部门勇于担当，形成各负其责、相互配合、齐抓共管的良好工作局面。网络安全治理中的“谁运行谁负责”原则，体现了网络空间需要合理分配网络信息安全风险的特点，要求互联网的建设、使用单位对由本系统造成的损害，或者严重影响社会公共安全、秩序的事件承担责任。

（四）积极防御原则

网络安全治理的积极防御原则，是指网络空间各主体采取各种技术防范措施，完善各项管理制度，规范网络安全教育，以法的强制性防范网络产品和服务在研发和应用过程中的各种安全风险。网络安全风险具有爆发性、多元化、普遍化等特点，这些特点随着“互联网+”的快速发展日益向政治、经济、文化等各个领域扩散，使得网络威胁呈现出高度组织化、危害全局的趋势，所以，积极防御，感知网络安全态势是最基本、最基础的工作，因为维护网络安全，首先要知道风险在哪里，是什么样的风险，什么时候发生风险。要全面加强网络安全检查，摸清家底，认清风险，找出漏洞，通报结果，督促整改。要建立统一高效的网络安全风险报告机制、情报共享机制、研判处置机制，准确把握网络安全风险发生的规律、动向、趋势。要建立政府和企业网络安

全信息共享机制，把企业掌握的大量网络安全信息用起来，龙头企业要带头参与这个机制。

（五）重点保护原则

网络安全涉及的范围十分广泛，需要明确重点保护的关键环节，采取特别措施加强保护。国家对公共通信和信息服务、能源、交通、水利、金融、公共服务、电子政务等重要行业和领域，以及其他一旦遭到破坏、丧失功能或者数据泄露，可能严重危害国家安全、国计民生、公共利益的关键信息基础设施，在网络安全等级保护制度的基础上，实行重点保护。根据网络在国家安全、经济建设、社会生活中的重要程度，以及其一旦遭到破坏、丧失功能或者数据被篡改、泄露、丢失、损毁后，对国家安全、社会秩序、公共利益以及相关公民、法人和其他组织的合法权益的危害程度等因素，网络分为五个安全保护等级。同时，《关键信息基础设施安全保护条例》中也明确了我国关键信息基础设施的范围：①政府机关和能源、金融、交通、水利、卫生医疗、教育、社保、环境保护、公用事业等行业领域的单位；②电信网、广播电视网、互联网等信息网络，以及提供云计算、大数据和其他大型公共信息网络服务的单位；③国防科工、大型装备、化工、食品药品等行业领域科研生产单位；④广播电台、电视台、通信社等新闻单位；⑤其他重点单位。

四、网络信息安全体系的构建

随着智慧校园的建设及疫情防控常态化需求，高校信息化应用不断增多。为贯彻落实《中华人民共和国网络安全法》和网络安全等级保护 2.0 的相关要求，高校需要提升网络安全管理水平和安全管理能力。首先，对高校校园网在网络、主机、应用和管理方面的安全现状进行分析；其次，从建立网络安全管理制度、加强信息化资产管理、开展等级保护和提升网络安全素养四个方面构建高校网络安全管理体系；最后，从网络防护、应用防护、主机防护三个维度构建高校网络安全技术支撑体系，以此提升学校网络安全保障能力，营造一个风清气正的校园网络环境。

（一）主机安全现状

在进行信息系统建设和运维的过程中，有些随着互联网迅速发展，网络安全问题日益受到重视。当前，高校整体的信息化建设正在向纵深发展，校务办公、教学、科研和社会宣传等工作越来越依赖于各类信息系统的稳定运行，对信息系统的安全保障提出了更高的要求。基于严峻的安全态势，目前信息系统的软、硬件环境还比较脆弱，构建一个完善的高校网络安全管理体系和技术支撑体系显得尤为重要。

1. 高校网络安全现状分析

(1) 基础网络安全现状

近年来，多数高校在基础网络设施层面部署了很多网络安全设备和软件，如出口防火墙、入侵防御系统、数据中心区域 Web 应用防火墙、数据库审计系统等，但普遍还存在着以下几方面的问题：首先，由于网络安全初期规划不清晰，安全设备和软件不能得到有效运用；其次，部分高校安全管理人员技术水平参差不齐，不能对安全系统的硬件和软件进行有效配置，缺乏有效地告警分析，导致设备发挥的作用很有限；最后，安全是一个动态的过程，外来的安全威胁并非一成不变，安全防护措施需要根据网络安全态势及时做出调整，现有的安全防护设备无法检测新型网络攻击。

主机服务器、运维终端操作系统存在补丁安装不及时和漏洞较多的问题，有些系统采用默认配置导致弱口令问题，且存在未安装杀毒软件或者未更新病毒库等问题。勒索病毒时有传播，网络攻击者通过各种非法手段获取用户权限，并利用这些非法权限对主机进行未经授权的操作。

(2) 应用系统安全现状

随着智慧校园的不断发展，统一门户平台、网站群平台、一卡通平台、教务系统、科研系统、数据中心逐步建设，各种微信小程序和 APP 被广泛应用，越来越多的信息系统 (网站) 对互联网开放，但也存在一些安全问题：有些系统上线前未进行漏洞及恶意代码检测，存在安全漏洞；有些应用程序部署时采用默认配置，后续运行维护过程中应用程序、中间件等版本更新不及时，安全配置不完善，遗留了安全隐患；有些应用程序用户数量多，弱口令问题无法避免，简单的“用户名 + 密码”认证方式存在很多缺点，密码的维护和管理问题层出不穷；有些对互联网开放的系统采用 HTTP 协议，用户名和密码明文传输，容易被窃取。近几年，黑客攻击不断，攻击者一旦发现系统漏洞，就可以获得非法权限，从而擅自访问和破坏系统，甚至篡改和盗取数据，对校园网造成很多不良影响。

(3) 安全管理现状

在高校信息化建设初期，网络安全建设与信息化应用没有同步规划和实施，网络安全没有得到重视，导致网络安全管理水平整体偏低。总体来说，存在以下问题：缺乏网络安全责任管理制度，高校一般由信息化建设和管理部门提供网络基础环境，各二级单位根据教学、管理需求进行信息系统建设，但后期安全运维责任制不明确，安全运维责任落实不到位；在各应用系统程序开发之初，缺少网络安全建设规范及上线安全检测机制；系统数量多，资产台账不完善，存在“双非”(非本单位 IP 地址、非本单位域名) 网站、“僵尸”信息系统等管理盲点；缺乏具有专业技术的网络安全人才，专业技术薄弱；网络安全培训和宣传教育不及时，师生缺乏安全意识，网络诈骗、未知网络链接、恶意邮件链接等导致师生信息泄露和被滥用的现象时有发生，带来安全危害。

2. 网络安全管理体系建设

网络安全管理体系规划与建设是高校安全体系建立的第一步，目的是识别安全问题，明确安全管理的范围和内容。结合高校网络安全现状以及研究现状，本书提出要从四个方面构建网络安全管理体系：第一，按照“谁主管谁负责、谁运营谁负责、谁使用谁负责”的原则，落实网络安全主体责任，建立网络安全管理制度；第二，清理资产，加强信息化资产管理；第三，参照网络安全等级保护 2.0 标准进行等级保护定级、备案、建设整改、等级测评、监督检查；第四，加强培训和宣传，提升网络安全素养。

(1) 建立网络安全管理制度

基于学校安全管理体系的现状，高校应成立指导和管理网络安全工作的委员会或领导小组，建立网络安全管理制度，明确信息化建设和管理部门作为学校网络安全管理工作的职能部门；明确各个二级单位网络安全第一责任人，并根据各二级单位系统建设情况和人员配置情况，设置安全主管、安全管理员及系统管理员等岗位，明确各个网络安全管理岗位的职责，建立符合要求的安全组织架构。由学校网络安全工作委员会或领导小组牵头，与各二级单位第一安全责任人、各系统管理人员及第三方服务商签订网络安全责任书，落实网络安全工作与责任，达到网络安全法和等级保护相关要求。根据等级保护要求，开展网络安全管理制度的梳理与修订，尤其是安全建设、安全运维相关的管理制度，并明确网络安全保障重点。

(2) 加强信息化资产管理

为了更加有效掌握学校建立的各种信息系统（网站），信息化建设和管理部门应定期进行资产摸底、排查清理，建立资产台账，加强信息系统（网站）监督管理，具体可采取如下措施：重点排查“双非”信息系统（网站），通过系统整合、优化，迁移到校内，对于无法迁移的要加强安全防护；清理无专人运维的或已不再使用的“僵尸”信息系统（网站），回收网络资源；对于长期未更新、使用频率低或存在高风险漏洞未整改的信息系统（网站），限制访问；建立信息化资产备案系统，严格控制和管理服务器等基础资源的使用申请、报废和信息系统开发建设等流程，及时完善和更新资产台账。

(3) 开展等级保护工作

落实等级保护工作既是法律法规要求，也是行业要求。高校可以将等级保护工作要求落实到新建系统的需求说明中，要求所有新建系统在上线之前必须完成安全测评相关工作。同时，信息化建设和管理部门应协同各二级单位每年对新建设的拟定为二级以上的信息系统进行专家评审，并报上级主管部门审核；在定级评审完10个工作日内报公安机关备案；根据网络安全等级保护2.0标准，开展等级测评，对测评报告和整改建议中的高危风险进行整改；在公安机关的监督指导下，将等级保护工作常态化。

(4) 提升网络安全素养

构建网络安全管理体系必不可少的一个环节就是提升师生网络安全素养。学校网络安全工作委员会或领导小组应指导制定网络安全培训计划，信息化建设和管理部门则根据计划组织开展安全技能培训及岗位技能培训、安全意识培训及安全宣传。对于校内网络安全管理人员进行专业的技能培训，逐步实现持证上岗；对于各业务系统管理人员，加强关于系统、应用及网络技术相关的安全技能培训；对于普通师生用户，则通过国家安全日、国家网络安全宣传周等活动，采用海报、微视频、专家讲座、微信推文等方式宣传网络安全法等相关知识，介绍如何防范个人信息泄露等，加强师生的网络安全意识。另外，信息化建设和管理部门应做好网络安全日常通报工作，特别是要及时发布针对钓鱼链接、钓鱼邮件、勒索病毒等问题的防范措施，切实增强师生的网络风险意识。由此逐步提升师生网络安全素养，使其能够养成良好的上网行为，掌握简单的网络安全技能，进而构建一个风清气正的网络氛围。

3. 网络安全技术支撑体系建设

(1) 完善网络安全防护措施

①部署下一代防火墙

信息化建设和管理部门应根据各应用系统需求，制定基于 IP 地址、源 / 目的端口、服务 / 应用、用户 / 组、安全域、时间等元素的访问控制策略，特别是敏感时期要对安全策略进行动态调整；建立基于 Web 攻击的静态规则及黑客攻击过程的动态防御机制，提高 Web 攻击防护能力；运用 APT 检测功能定位网络中的“肉鸡”，保障校园网内部网络安全；对校园网中的所有流量进行应用层的安全分析，防范安全威胁事件的发生。

② Web 应用防火墙的云模式 (云 WAF) 检测

高校通过部署云 WAF 检测，对信息系统 (网站) 实施安全防护，拦截 SQL 注入、XSS 跨站脚本攻击等行为，主动发现恶意 IP，快速识别和拦截潜在的安全威胁，增强高校 Web 应用的整体安全性，扩大防护范围。

③部署安全威胁分析系统

为了提高防护能力，可在校园网中部署安全威胁分析系统，其基于恶意域名、IP、URL、木马特征等威胁情报库，在协议特征分析的基础上，通过情报命中、规则检测、深度学习模型的匹配等策略，在校园网络流量中准确发现校园内部失陷主机与被控端的联接。信息化建设和管理部门据此及时掌握校园网内的所有失陷主机及关联威胁，进行及时处置，实现对校园网的高级入侵行为检测和防范，提高对新型网络攻击的预警和处置能力。

④建设堡垒机监督审计系统

网络安全等级保护 2.0 对信息系统运维过程提出了“事前预防、事中控制、事后审计”的要求，高校可建设堡垒机监督审计系统，系统运维人员需要通过访问堡垒机，才能维护被授权管理的系统。堡垒机对授权人员的运维操作行为进行记录、控制和审计，以此加强对校园内部运维管理行为的规范和监管。

(二) 增加应用安全防护手段

1.VPN 技术的应用

为了优化校园网的安全性，高校将 VPN 技术引入到校园网的建设中，可对学校的网络资源进行分类控制，一般的网站和电子邮件系统可对互联网开放访问，而办公系统、财务系统、教务系统、图书资源等平台则须使用 VPN 系统访问。SSL VPN 常应用于远程访问的安全接入，尤其是基于 B/S 结构的网络应用，用户只需通过标准的 Web 浏览器连接 Internet 即可访问到校内的网络资源，无须安装客户端软件，既安全又便捷。

2. 定期全网安全扫描

信息化建设和管理部门定期组织对各类信息系统 (网站) 进行漏洞扫描，充分发现应用系统的安全漏洞；对漏洞扫描结果进行评估和分析，提出可操作性的整改建议；将整改建议及时下发到各二级单位，督促限期进行漏洞整改，有助于降低或避免校园网计算机信息系统的风险。

3.HTTPS 协议加密访问

学校可根据不同的中间件 (IIS、Apache、Nginx 等) 为校园网内的信息系统 (网站) 配置安全证书，启用 HTTPS 安全访问协议。HTTPS 协议是由 SSL+HTTP 协议构建的，能有效规避钓鱼网站的欺骗行为，加强对师生个人信息的安全保护。

4. 统一身份认证及双因素认证访问相结合

统一身份认证系统主要包括统一身份认证、统一授权和安全审计模块，实现校内各个应用系统的单点登录功能，师生只需要记住一套用户名密码即可登录被授权的其他系统，避免多套认证管理出现安全漏洞，为校内各应用系统提供安全可靠的用户认证。在此基础上可采用双因素认证，通过 PIN 码和动态口令的结合，实现师生访问系统时每次密码的动态随机变化，解决由传统口令泄露造成的损失，降低安全风险，提高应用系统的访问安全性。

(三) 加强主机安全防护能力

1. 部署主机安全防护系统

在综合分析主机终端面临的安全风险的基础上，高校可在校园网络内部署主机安全防护系统：首先，对校园网受管控范围内的主机进行全面资产识别，构建统一的资产库；其次，搜集主机中的操作系统、应用、中间件、数据库等信息，与漏洞数据库进行比对，从中发现漏洞，并按预制策略进行漏洞修复；最后，更新资产数据库，形成一个闭环管控的校园安全管控中心。同时，主机安全防护系统需要对业务服务器上的流量和行为进行监控，记录网络访问情况和注册表变更等信息，实现风险识别、威胁检测、攻击事件判定、策略实施及回溯等功能，从安全事件、风险文件、系统漏洞、安全基线等多个层面对主机进行安全分析，学校网络安全管理人员据此及时调整安全防护措施，提高安全防护效率。

2. 主机安全配置核查

主机安全配置包括日志策略、审计策略、用户身份鉴别策略、访问控制策略、数据备份策略及应用服务开启配置等。高校可部署安全配置核查系统对校内各业务系统的各类安全策略配置情况进行自查，对其结果进行自动分析并生成分析报告，以及时发现当前业务系统所面临的安全问题并提供有效地解决办法，降低业务系统安全隐患。

学校的各类信息系统不仅为校内师生服务，还为社会提供相关服务，关系到国内和国际舆论影响带来的社会稳定和公众利益。高性能、高效率、稳定可靠的校园网是校内网络资源和服务的基础保障平台。网络安全是一个动态的过程，外来的安全威胁并非一成不变，安全防护措施需要根据网络安全态势及时做出调整，对新的风险和威胁需要持续关注。本书提出构建网络安全管理体系及技术支撑体系，落实等级保护相关要求，并进一步做好网络安全宣传教育和培训工作，加强风险评估、渗透测试、安全加固及安全策略优化等网络安全防护，旨在有效减少安全隐患，降低安全事件发生的概率，保障学校信息化工作的有序、健康、高质量发展。

第二节 网络信息安全威胁与治理挑战

随着互联网的发展，新的网络安全威胁亦在不断出现，世界各国国家安全和公民在网络空间的合法权益面临严峻风险与挑战。我国《国家网络安全空间战略》指出，信息技术广泛应用和网络空间兴起发展，极大地促进了经济社会繁荣进步，同时也带来了新的安全风险和挑战。

一、网络安全威胁概述

对于何为网络安全威胁，目前社会各界没有统一的定义。公共互联网网络安全威胁是指公共互联网上存在或传播的、可能或已经对公众造成危害的网络资源、恶意程序、安全隐患或安全事件。但从风险治理和应急管理的角度看，网络安全事件已成为治理的重要对象。由于人为原因、软硬件缺陷或故障、自然灾害等会对网络和信息系统或者其中的数据造成危害。其中对社会造成负面影响的事件，可分为有害程序事件、网络攻击事件、信息破坏事件、信息内容安全事件、设备设施故障、灾害性事件和其他事件。

对于网络安全威胁的类型，按照不同方法可以有不同形式的划分。根据网络安全威胁的原因，可以分为人为原因、软硬件缺陷或故障、自然灾害等。根据网络攻击行为体的不同，可将网络安全威胁划分为黑客攻击、有组织网络犯罪、网络恐怖主义以及国家支持的网络战争四种类型。根据网络攻击所带来的后果，网络安全威胁又包括关键信息基础设施受到破坏，国家秘密信息、敏感信息或个人信息丢失或被窃取、篡改、假冒等。按照网络攻击的行为性质，可以将网络安全威胁分为一般网络攻击、网络犯罪、网络恐怖主义、网络战争等。

二、网络安全威胁的演变

伴随着网络的发展，网络攻击行为的目的、技术、危害等一直在不断变化。总的来说，可分为个人炫技、组织化程度提升等。

（一）个人炫技

自20世纪80年代，网络攻击行为出现之初，攻击者发起网络攻击的目的较为单纯，主要是个人炫技为主，以获得在技术研究上的“成就感”。这一特点基本延续到21世纪初。

（二）组织化程度提升

自21世纪初开始，随着互联网的成长和普及，网络技术门槛和网络攻击门槛都在不断降低，这在一定程度上带来了网络攻击行为的泛滥。从行为者角度看，网络攻击已由“个人炫技”转向利用网络攻击行为进行获利，组织化、团伙化作案增多。由于组织化程度的提升，逐渐形成了恶意程序开发、恶意程序传播、网络攻击入侵、网络欺骗实施、数据信息贩卖等分工明确的黑色产业链。同时，其对互联网稳定运行带来的威胁日益严重。

三、网络安全治理的主要挑战

（一）网络安全威胁的手段层出不穷

网页仿冒方面，新型的网页仿冒技术不断更新，网页仿冒者开始利用社交媒体和一些合法的网站发起攻击，引导用户对其仿冒网页产生信任，增加了监测和处置难度。

（二）保护关键信息基础设施任重道远

作为经济社会运行的神经中枢，金融、能源、电力、通信、交通等领域的关键信息基础设施是可能遭到重点攻击的目标，因而也是网络安全的重中之重。其“物理隔离”防线可被跨网入侵，电力调配指令可被恶意篡改，金融交易信息可被窃取，这些都是重大风险隐患。不出问题则已，一出问题就可能导致交通中断、金融紊乱、电力瘫痪等，具有很大的破坏性和杀伤力。

（三）大规模数据泄露事件频发

在大数据环境下，除了商业数据、个人信息泄露外，政府数据也面临着各种安全风险。随着我国国家大数据战略的实施和“互联网 + 政务”的推进，在数据共享开放过程中的泄密风险等数据安全问题逐渐凸显。

（四）网络犯罪危害公共安全

网络犯罪是指在互联网上运用计算机专业知识实施的犯罪行为，既包括以网络为利用工具的犯罪，也包括以网络为目标的犯罪。实际上，它是现实社会犯罪因素在网络上的反映，其根本和源头在现实社会。

第三节 网络信息安全技术发展

作为继陆、海、空、天外的“第五空间”，全球网络空间治理日益成为全球治理体系的重要领域，受到世界各国和地区的高度关注和积极参与。各类网络空间治理主体呈现多元化，既包括政府、国际组织，也包括技术社群、企业、专家、研究机构等。

目前，全球网络治理模式主要有两种：多方模式和多边模式。两种模式的根本区别就是政府在治理中角色的不同。多方模式，也被称为多利益相关方模式。这一模式认为，网络空间在性质上属于“全球公域”，治理应当主要依托政府部门以外的行为体来完成。多边模式则是多边主义全球治理理念在网络空间的一种延伸。不少发展我国家和新兴经济体倡导多边主义治理，它们主张网络空间具有主权属性，认为国家政府应当是全球网络空间治理的主导者。

从发展历程上看，全球网络空间治理理念和治理实践的动态进程整体上是由“全球公域说”与国家主权原则对立、多方模式与多边模式的博弈所主导。具体来说，这个进程主要围绕技术社群主导治理和政府介入治理两条主线推进。

一、国外网络安全治理的主要举措

随着网络安全形势的日益严峻，世界各国对网络安全问题逐渐重视。总的来看，各国结合各自国情和互联网发展实际，采取了一系列网络安全治理举措。比如重视制定网络安全战略、建立网络安全治理体制、强化信息基础设施保护、加强关键信息基础设施保护、提高网络信息安全监管力度、开展网络安全国际合作、健全网络安全保障体系等。

（一）重视制定网络安全战略

为了应对网络安全严峻形势和重大挑战，世界各国普遍重视网络安全的顶层设计。

（二）建立网络安全治理体制

作为网络安全治理各项制度的制定和实施的主体，网络安全治理体制建设受到各国的高度重视。经过多年的发展，美国目前主要的网络安全治理部门包括国土安全部、国防部、司法部、国家情报总监办公室等。俄罗斯则由俄罗斯联邦安全局主要负责。日本、英国、加拿大、以色列等国政府纷纷设立网络安全领导协调机构或专门工作机构。以色列的网络安全治理体制也比较有特色：国家网络空间局与国家网络空间安全管理局并驾齐驱、分工合作，共同组成向总理报告的国家网络指挥部，此外，还有国家应急管理局、公共安全部、国防部等政府部门承担网络安全治理相关职能。

（三）加强关键信息基础设施保护

关键信息基础设施保护工作直接关系到国家安全、国计民生和公共利益。作为网络安全治理的重中之重，各国十分重视。在这些国家中，美国的关键基础设施保护制度是非常有特色的一个。早在克林顿政府时期，美国就开始重视加强关键基础设施保护。

（四）提高网络信息安全监管力度

作为网络安全治理的另一个重要方面，网络信息安全的监管也得到了各国政府的关注。在网络内容安全监管和个人信息保护、数据安全等方面，各国都积极采取了主动措施，以维护网络安全和秩序。

作为互联网的发源地和网站数量最多的国家，美国从 20 世纪就高度重视互联网内容治理，已经形成了一套涵盖监管机构、监管法律、民间机构、治理技术与手段以及专项行动各方面的成熟体系。

（五）开展网络安全国际合作

随着世界各国对网络安全威胁的危害性和网络安全治理重要性认识的不断加深，网络安全国际合作日益成为中国、美国等世界主要国家促进网络安全的战略选择。这种合作既有全球层面的，也有地区层面和双边层面的。

在全球层面，在联合国框架下，典型的平台包括联合国信息安全政府专家组、信息社会峰会、互联网治理论坛、国际电信联盟等。另一个重要的交流和合作平台是互联网名称与数字地址分配机构。

在地区层面，形成了亚太地区计算机应急响应组织、金砖国家网络安全工作组、北约网络合作防御卓越中心、上海合作组织网络反恐联合演习、东盟网络安全部长级会议等合作成果。

在双边层面，美日、美俄、中美、中俄等网络安全对话和打击网络犯罪等交流合作也有丰硕成果。

（六）健全网络安全保障体系

世界各国纷纷通过支持网络安全技术和产业发展、加强网络安全人才培养、开展网络安全宣传教育、制定网络安全标准等措施，建立健全网络安全保障体系，维护网络空间安全和秩序。

第一，将网络安全技术和产业发展视为维护网络安全的重要基础。

第二，重视人才培养问题，采取多种方式支持培养网络安全人才。

第三，加强网络安全宣传教育，提升公众网络安全意识。

二、当前主要的网络安全国际治理平台。

近年来，世界各国已深刻认识到共同应对网络安全威胁的重要性，网络安全国际合作已成大趋势。从全球到区域、从多边到双边，不同的网络安全的国际治理平台在不同层次和程度上影响和推动了全球网络安全治理的发展。

（一）联合国及其他组织

在联合国框架下，设计网络安全国际治理的平台包括联合国信息安全政府专家组、信息社会世界峰会、互联网治理论坛、国际电信联盟、联合国经济和社会理事会等。此外，世界经济论坛、世界银行、国际刑警组织等对网络安全治理也多有涉及。

（二）区域性网络安全治理平台

在区域层面，欧盟网络与信息安全局（ENISA）是一个非常特别的网络安全国际治理平台。作为欧盟的独立政府机构，该局负责组织、协调欧洲国家战略规划、实践、基础设施保护和应急响应等网络安全治理工作。

（三）双边网络安全治理对话与合作机制

在双边层面，我国、美国等国家大力开展了网络安全治理对话与合作，这些机制为网络安全国际治理的经验交流、政策协调、合作行动等创造了重要机遇。

当前，对国家和非国家行为体来说，网络空间的战略价值和意义十分重要，网络安全治理极为关键。作为将世界紧密联系在一起的网络，促进了经济、社会、政治、文化等各方面快速发展，也面临着一系列安全治理挑战。比如关键信息基础设施保护、个人信息保护、跨境数据流动监管、跨国网络犯罪、防止国家级网络武器扩散等。应对这些共同的挑战，是世界所有负责任行为体共同的时代使命。通过加强网络空间安全治理，打造更加和平、安全、开放、合作、繁荣的网络空间，是民心所向，是大势所趋，也是历史必然。

展望未来，世界各国虽然国情不同、互联网发展阶段不同、面临的现实挑战不同，但推动数字经济发展的愿望相同、应对网络安全挑战的利益相同、加强网络空间治理的需求相同，推进全球网络空间治理体系变革势必将成为所有行为体共同的使命。

第二章 高校网络信息安全现状

第一节 高校网络安全建设概况

高校网络的建设发展能够为实践教学、管理及科研活动提供多方面支持，是现代化教育改革的重要内容。但是在高校网络建设过程中，由于网络自身具有开放性和虚拟性，容易受到安全威胁，导致高校重要信息数据丢失或泄露。在现阶段的高校网络建设过程中，应积极研究网络安全标准和规范，合理构建网络安全防护体系，从而最大化的发挥高校网络利用价值。

一、高校网络面临的安全威胁

高校网络建设是高校信息化发展的重要载体，如果出现网络安全问题，会带来难以预估的损失，甚至对正常教学和管理秩序造成影响。高校网络本身是一个半开放 Internet 系统，用户主要为高校教师及学生，需要通过身份认证后登录高校网络，并在使用要求下进行联网操作。但是在高校网络的正常使用过程中，也容易受到各种安全影响因素的威胁。具体包括以下几个方面。

（一）网络病毒传播

在计算机网络技术的快速发展过程中，新型病毒不断出现，破坏机制各有不同，增加了网络安全防护难度。比如 CH 病毒、震荡波、AV 终结者病毒等，一旦感染，将对系统造成严重破坏。高校网络接入场景较多，包括机房、多媒体教室、学生计算机等，容易因软硬件使用不当，导致病毒植入，破坏网络通信安全，严重时可能导致整个高校网络瘫痪。

（二）黑客入侵

由于计算机系统和网络架构不可避免会存在漏洞，容易成为黑客入侵窗口，获取高校网络中的重要信息数据，或者对高校网络的正常使用造成干扰。随着学生信息技能水平的提高，近年来也出现过学生入侵高校网络获取考试题等现象，必须加以防范。

（三）使用操作不当

在高校网络使用过程中，身份认证机制过于简单，对个人账号密码保管不当，或者因操作失误，对系统造成损坏，也会影响高校网络的运行稳定性，增加不安全因素。在高校网络安全建设过程中，也需要明确网络使用标准，制定相应的管理制度。

二、高校网络安全建设标准

（一）高校网络安全框架搭建标准

在高校网络安全框架搭建过程中，应明确划分高校网络安全管理责任，遵循谁用谁负责的基本原则，通过成立高校网络安全防护领导小组，详细组织相关工作的开展。在平时应积极构建高校网络安全防护体系，从网络安全管理制度建设、网络安全防护技术体系建设等方面着手，明确高校网络安全框架的建设标准，并分析目前存在的不足之处，从管理和技术等方面加以完善。在发生重大网络信息安全事故时，高校网络安全防护领导小组要第一时间组织应急处置工作，对网络安全事故发展进行持续监测，采取有效地处置措施，减少事故损失。此外，高校网络安全防护领导小组还要定期对相关工作进行评价，改进工作机制，促进高校网络安全框架标准的逐步完善。

（二）高校网络安全技术体系标准

在高校网络安全技术体系标准建设方面，面对日益复杂的网络攻击行为，只有不断提高网络安全防护技术水平，提前发现高校网络安全漏洞，才能降低网络风险的发生概率。首先，应有效识别网络攻击行为以及病毒感染状况，在现有网络安全防护体系的基础上，布置多重安全技术手段。比如通过增设网络安全设备、在应用层系统布置防护体系等，提高抵御黑客攻击和病毒入侵的能力。其次，应加快高校网络安全监测技术的研究，将日志系统与动态监测技术结合起来，实时监测系统运行风险，并根据网络运行数据和日志数据，及时制定改进措施。在重大网络安全漏洞的分析过程中，采取安全态势感知技术，对风险源进行追踪分析，从而为安全防护技术的选择提供依据。最后，应综合采用多种数据安全防护技术，包括数据备份技术、数据加密技术等，提高数据在网络传播下的安全性。

（三）高校网络安全制度建设标准

在高校网络安全制度建设方面，应基于当前智慧校园建设需求，尽快对网络安全管理制度进行完善，明确每一位教师、学生在高校网络使用过程中承担的安全管理责任，并对自身操作加以规范。以往出现的许多高校网络安全事故，都是由于内部人员使用不当造成的。因此，需要制定网络安全制度标准，对高校网络使用行为加以约束。在此方面，应构建高校网络制度计划部署标准，明确运行环境指标，确保高校网络运行环境良好。同时应明确网络安全事故的响应机制，在平时进行演练，确保网络安全防护工作能够得到全校师生的支持。此外，还要完善信息归档机制，做好使用记录，一旦发生安全事故，要深入分析事故原因，并追究相关责任人的责任，从而杜绝人为操作对高校网络安全的破坏。

三、高校网络安全规范设计

（一）物理防护设计

在高校网络安全规范设计过程中，首先要确保物理层的安全性。对高校机房、网络设施等设备集中的区域，需集中管理，加强网络设备安全防护力度。具体可采用电磁干扰检测、辐射保护、硬件状态检测等方法，排除硬件设备可能受到的威胁。对于网络交换机、路由器等关键设备，需要做好平时的运维检修工作，及时更换受损器件，确保网络正常使用。在高校网络物理防护设计过程中，还应关注环境监测系统的设计，消除环境安全隐患，保持机房区域的整洁性。此外，还应安排专门的管理人员，对网络设备进行定期巡检，为设备安装相应的防护结构，提高设备使用安全性。

（二）虚拟网络划分

高校网络属于大型局域网，其中包含多个小型网络，比如图书馆网络、学院网络、宿舍楼网络等。在不同子网络的使用过程中，对其网络安全标准也有不同要求。对于比较重要的教学网络和行政管理网络，则需要采取更加严格的安全防护措施。因此，为了满足实际管理需求，需要对高校网络进行详细划分，基于小型虚拟局域网 (VLAN) 进行安全防护设计。然后根据每个 VLAN 的使用特点，包括其应用软件、网络接口设计情况等，分析可能存在的系统漏洞。在此基础上，构建二级网络防护体系，通过安装防火墙和杀毒软件，实现对网络运行安全的有效防护。

（三）数据容错备份

在高校网络安全规范设计中，要做好数据安全防护设计。在高校网络受到攻击时，容易出现数据丢失或受损的情况。因此，需要设计数据容错机制及备份措施，确保数据在网络环境传输过程中的安全性。在服务器容错设计方面，应实现对硬件的有效保护，使其能够在受到破坏时，不影响整个网络运行。此外，为了保证数据传输安全，应在网络防火墙和交换机上捆绑 MAC 地址、IP 地址，通过采取双重捆绑措施，防止数据被截取和盗用。在此情况下，能够有效提升高校网络的数据传输安全性。

（四）多重控制机制

为了确保网络使用安全，近年来各种网络安全防护技术发展较快，高校网络安全建设应积极引进先进的技术手段，应对新的病毒和攻击行为。首先，应加强高校服务器的安全设置，服务器作为核心设备，通常是黑客主要攻击对象，需要为其配置防火墙，并定期更换 IP 地址，修改管理权限，防止黑客利用系统漏洞实施攻击。其次，应利用入侵检测技术，及时发现异常访问行为，并做出处理。在入侵检测技术的应用过程中，应注意检测算法的更新，有效识别黑客的伪装行为。最后，需要加强各种网络接入方式的访问控制管理，杜绝不良信息的渗透，防止对学生身心成长造成影响。

综上所述，面对高校网络的安全风险因素，必须通过制定安全建设标准，规范设计，才能为高校网络的安全使用提供保障。在具体设计过程中，应综合采用多种网络安全防护技术，并根据高校网络使用特点，细化相关制度标准，确保高校网络的合理利用。在此情况下，能够有效提升高校网络安全水平，充分发挥网络技术的使用价值。

第二节 高校信息安全建设概况

信息技术的迅猛发展，极大地推进了高校信息化和网络化的进程，给高校带来了信息技术飞速发展的契机。高校对信息系统的依赖性越来越强，信息系统也成为高校基础设施之一，信息变成高校发展道路上不可或缺的战略资源、决策资源。信息化水平的高低为成衡量高校现代化水平和综合实力的象征。可是，信息时代中无处不在的网络给高校安全带来了新的危险和挑战，时常面对信息安全的严峻考验，所以对信息安全的研究已刻不容缓。

一、校园网信息安全技术不成熟

信息技术正在迅猛发展，衡量一所高校能否顺利地实现信息化的关键因素，就是信息技术水平的高低，我国的信息技术在核心技术、技术创新方面与西方发达国家相比还有相当大的差距，因此信息安全就更加重要了，校园网络使用的人数众多，安全漏洞也很多，当校园网与互联网相联时，由于互联网的开放性、国际性与无管理性，会对内部网造成严重的威胁。在网络上想做到绝对安全基本是不可能的，如果系统内部的局域网与外部互联网之间不采取一定的安全防护措施，那么内部网络更容易遭受来自互联网的侵入和攻击。假如安全得不到保障，犯罪分子就会利用网络实施犯罪行为，这不但让校园网的正常运行受到威胁，而且也破坏了高校在师生心目中的形象。产生这些问题的根本原因从以下几方面展开论述。

（一）计算机系统本身的脆弱性

现在的计算机系统不能达到完全的智能化，因而本身不能通过自我保护来抵抗自然灾害的损害，也难以避免偶尔造成的危害，如洪涝、火灾、地震等灾害的损毁以及环境的影响，同样不能事先获知硬件装备的故障。温度的忽高忽低、突然的断电或者电源波动、雷击、振动，这些因素有的会造成磁盘产生记录错误和设备绝缘性能下降，有的会损害计算机系统设备，有的会造成信息数据的丢失或者损害，有的甚至会导致整个计算机系统的瘫痪。另外，有一些硬件设备自身因为老化或者质量不达标，再受到外界因素影响，如人为的操作所造成的错误、管理措施不当造成的故障，引发安全事故，影响到信息安全。

（二）网络技术本身存在缺陷

网络技术本身的缺陷主要表现如下。

1. 电磁泄露

大部分计算机硬件是由各种光电、机械、电子元件组成的，通常电子元件都具有电磁辐射。电磁辐射的缺点有两个：一是电磁泄露会让窃听者在一定范围内利用技术先进的接收设备，可以接收正在传送的信息和数据；二是通过电子器件发送电磁辐射来干扰其他设备正在传送的数据，如毁坏存储中的数据，影响设备间的信息传输或者窃听正在传输中的信息。

2. 网络通信协议

TCP/IP 协议是因特网进行相互间通信的基础，依靠 TCP/IP 协议的开放性，打破了不同国家和地区网络之间的隔阂，可以使得不同国家的网络连接起来。TCP/IP 协议在最初设计的时候，没有把安全因素考虑进来。而网络是无国界的，可能产生信息安全方面的隐患，这些隐患可以是网络窥探、网络攻击、恶意代码的相互传播等。

3. 应用软件缺乏安全性

应用软件的设计一般着重于提高信息处理的能力和效率，对于安全只是作为一项附带的条件加以考虑。因此，应用中的安全漏洞特别多，使入侵者可以利用应用软件设计上的缺陷、配置不合理、信息假冒等漏洞来影响到信息的安全。

4. 没有统一的安全技术标准

如今，全球范围内关于操作系统、数据库管理系统和计算机网络系统没有统一起来，关于各种协议、密码算法和信息安全标准没有形成统一的行业标准。安全性与网络性能和效率之间难以两全。并且，信息应用技术的发展优于信息加密等安全技术的发展，信息系统的绝对安全是不存在的，是在特定环境下相对安全。

（三）网络安全技术落后

现如今，一些高校的信息技术还很落后，信息化建设配置的基础设施，相当一部分必须使用国外产品，有些设备的核心技术是由国外掌控的。拥有自主知识产权的软件也不多，满足我国市场需求的、本土化的应用软件更是少之又少。有些单位从国外花巨资引进一批先进设备，然而由于没有配套的软件，最终结果是设备一直搁置，不能使用。而且信息技术不是那么先进，高校办公、处理业务时会受到影响。目前，现有的数据通信带宽与实际的需求量之间有很大的差距，网络传输速度太慢，直接的后果是影响师生上网的热情。我国目前使用的信息设备、信息产品和技术方面只有很少一部分具有自主的知识产权，计算机上的芯片、主板和骨干路由器等基本上都要从国外进口，且对买进的信息设备和引进的技术缺乏必要的改造，尤其是在安全协议和系统安全的研究和应用方面。而欧美发达国家在信息安全高密度产品方面对我国进行限制和封锁：出口到我国的信息产品中留有安全隐患。美国对出口给我国的信息产品同样进行限制、封锁，属于C2级。从级别上可以看出：美国国防部制定的安全准则中的C2级别，在总的8个级别中倒数第三，正数第五，仅有两条安全措施。这一切说明什么呢？也就是说我国不仅是引进了计算机技术，同时也引进了安全“隐患”。

网络安全技术也有类似情况发生。高校在技术方面稍显落后，概括起来有四点：①高校信息安全的发展经历通信保密、计算机数据保护两个时期，正准备进入网络信息安全研究时期；②高校缺乏自主的计算机网络和软件核心技术，高校的计算机网络所使用的设备和软件基本上都是从国外引进的，软件运行平台只能完全依赖进口，虽然在某些单项技术方面有所突破，但往往由于软、硬件系统的兼容性差而未能真正地应用和普及；③单个信息系统安全防御及安全协议的研究越发落后。④探索与设立创新性安全理论和相关系列算法，对高校而言仍是任重而道远。这些问题在一段时期内暂时不能得到有效地解决。高校的网络信息安全研究开始得晚、各方面投入得少、研究力量不集中，最重要的是没有自己的核心竞争力，国内厂家生产的仅是一些附加值的东西，对于像服务器、交换机、路由器等高科技含量的设备研发能力有待提高。

二、信息安全管理体制不完善

信息安全保障工作包括技术和管理两个方面，两个方面同等重要。但从我国实际情况出发，信息安全管理比较薄弱，大部分信息安全事件的发生是因为管理不善造成的，出现问题不能责任到人。其一，网络安全管理方面人才匮乏。由于技术应用的扩展，技术的管理也同样应该扩展，但从事系统管理的人员往往不具备安全管理所需要的技能，信息安全技术管理方面的人才无论是从技术上还是数量上都无法适应目前信息安全形势的需要。其二，没有相应的解决方案。为了保护计算机里的信息安全，安全管理人员一般都会选择装防火墙或者加密程序安装好之后就认为一劳永逸，丧失了警惕性，实际上网络安全问题远远不是防火墙和杀毒软件就能够解决的，也不是大量的安全产品就能避免的，高校没有相应的措施去全面地解决信息安全问题。其三，大部分的高校没有完善的信息安全管理制度，使得任何技术、手段都不可能发挥应有的作用。在整个校园网络运行的过程中，缺少行之有效的安全检查和相应的保护制度。国家制定的政策不能按时在高校“落户”。产生上述问题的原因如下。

（一）安全管理政策不到位

从国家角度来看，制定完善的信息安全法律法规是保护国家信息安全的根本，同时也是信息安全的第一道防线。我国在这方面还很欠缺。目前我国现行的安全政策尚存在两个方面缺陷：首先，缺乏一个整体而全面的政策体系，政策制定陷入了一种亡羊补牢的被动局面。我国看重的是数据流的活动和传播，对信息侵权和数据保护则关注不够。所以，从国家层面制定国家信息安全方面的法律法规很少；其次，信息安全政策的执行缺乏具体的实施方案。关于计算机病毒、信息侵权、网络犯罪等违法行为，我国政府虽然相继制定了相应的政策，但效果甚微。政策有了，但没有制定相应的监督机制让下级单位引起足够重视，没有行之有效地制度进行管理。这使得许多政策只是停留在理论的阶段上，没有付诸实践，看不出政策的效果。这也导致国家在制定政策的时候没有可供参考的依据，制定了政策，但没有执行力。我国设立了相应的组织机构：工信部互联网应急处理协调办公室、工信部国家计算机网络应急技术处理协调中心。可是，配套的通报协调和应急响应机制还没创建起来或并不完善。

（二）安全管理体系不完善

我国目前没有完善的信息安全管理体系，根据高校的业务模型，安全管理应该考虑到办公环境的安全方面、内部网络的安全方面、对外服务的安全方面，虽然国家针对这三个方面出台了许多的规定，但是还没有专门制定对高校的安全标准体系，没有从管理的层面上制定统一的安全管理规范和相关的法律保障，使得信息安全管理体系难以制度化。制定的信息安全标准与事实不符，与实践严重脱节，还有的标准现在没有执行。有些单位的信息系统走在行业前面，制定了自己的标准，对国家的标准不再执行。

（三）安全责任制度不明确

要创立和执行信息安全管理责任制，对于非常重要的信息系统的安全管理需要遵照“谁主管谁担当、谁运营谁保护”的原则，由主管部门、运营单位一起承担。我国目前还没有行之有效地安全管理责任制，怎么样去执行才是最重要的。就目前我国实际情况看，人们更注重的是技术层面上的标准，如信息安全标准、网络基础设施标准等，却忽略了信息安全责任制度才是实施安全工作的保证，是高校网络安全的基础，规定整个系统中各种信息所允许的操作行为和不允许的操作行为，在允许的操作情况下发生的安全问题由谁负责，在不允许操作的情况下发生的安全问题由谁负责，针对这些情况应该尽早出台相关的规定，并需要由专人负责。这样不仅能保证信息安全，也可提高单位人员的责任感。

（四）人员安全意识淡薄

首先，是国家对网络安全的战略认识不足。一方面，我国还没有从国家层面把网络安全问题归入到国家信息发展规划中，还没有适合我国实际情况的信息安全政策。然而，我们的认识还没有跟上信息化发展的进程。另一方面，我国政府部门仍然缺乏对高校上网、建立信息化高校的整体规划及其目的、意义的系统认识和理解。政府部门在设计和建设信息网络建设过程中缺少科学的论证和合理的筹划。其次，是师生的网络安全意识比较淡薄。人们在高校信息化建设上，存在着安全意识淡薄的问题，这对于我国高校信息化顺利发展有不利影响，我们要强调高校的领导和工作人员的安全意识，其安全保护意识需要提高。高校中的许多人员对技术了解不深，没有意识到高校网络系统的易受攻击性，盲目地相信和使用国外的信息安全保护产品，这样信息系统一旦受到攻击，那么抵抗力将会十分脆弱。

三、信息安全法律法规不健全

随着全社会信息化进程的推进，相关的法律建设逐渐提上日程，因为不少现行的法律很难与高校信息化的发展配套，法律空白很多，这已经成为制约高校扩大应用和进一步深化的瓶颈。面对这种情况，可以探讨专业立法或者对目前的法律法规做出修补。从我国现在关于信息安全相关立法情况来看，鉴于立法执行中缺乏纵向的全局考量和横向的互相协调，突出的是行政法规及相互间的职能存在交叉的问题，以至于颁布的法规和规章数量挺多，但实行的效果并不是很理想。主要表现的问题为立法主体较多，行政法规、规范性文件、部门规章及相关文件居多，而法律层面的规定较少，立法稍显混乱、内容交叉重复。一个行为存在数个行政处罚主体，造成处罚不得当。违法所设定的行政处罚的种类、规章和行政法规有冲突，处罚程度没有统一。产生了重管理、轻保护，看重准入、忽视退出的情况。总的来说，网络信息安全监管立法层次不高，难以从全局、统筹规划的高度对整个网络信息安全进行监管。因此，落实网络信息安全，一定得有一个权威部门和政府对网络信息安全实施监督管理。问题的原因具体表现在以下方面。

（一）立法原则不明确

关于我国信息安全的法律法规制定，需要统一原则和尺度。国外的立法采取的是统一立法和单行法二者结合的形式，立法通常自成一个体系，一般事先拟订方案、重点突出。一直以来，我国的立法按照“先实践—再制定政策最后制定法律”的传统形式，日久天长就产生了“成熟一个制定一个”的常规态势。这种立法形式尽管保证了法律的成熟性，还是有一些弊端，长此以往，立法脚步落后于实际的需要，有的领域可能会出现诸多立法空白。我国立法整体情况是：缺少纲领性立法、立法规则不明确、立法评价和监督机制不给力。因为我国现如今执行的是根据不同情况制定不同的单项立法的模式。颁布的许多规定、规章和规范性文件大多数属于部门法规，由部门在其分管职能范围内制定。因而在立法总体规划的规范与调整方面有些欠缺，我国法律法规存在的主要问题是缺少层次性、结构体系混乱；同时，因为过分关注法律规章自身的完整而忽略了与其他相关法律的关联，导致法律效力层次的混乱，负面影响也是不可低估的。而且，我国的规章比较多，缺乏效力层次高的法律，还未发布行政法规。

（二）管辖权不规范

我国现在的相关法律法规分散在互联网法、信息法、计算机法、电信法、计算机软件保护法等单行法律之中，立法是分散模式。分散立法的弱点是其法律适用环境复杂，在触碰信息安全法律、法规的时候，没有一个总领性纲要的法律法规。特别是我国相对复杂的社会环境，使分散立法的缺点特别突出，由于我国大部分是部门立法，法律阶位不高，没有统一的原则和标准，规范之间相互抵触的情况特别突出，以致法院在审理案件的时候，因为没有成形的条例和标准，或者两方的标准相互矛盾，丧失对案件审理的权力。

（三）立法不够完善

我国尽管发布了一些与信息安全相关的法律法规，可是信息技术发展得太快，对信息的安全要求标准也在提升，而保护信息安全的专项法规没有制定，并且目前的法律法规不能顺应高校信息化发展的需要。尤其是最近几年随着我国高校信息化建设持续发展，在信息方面呈现出的问题越来越多，信息安全隐患让人忧虑，主要体现在：一是网络访问的隐秘性和不确切性容易感染病毒、受到“黑客”攻击；二是内部员工别有用心的损坏、超越权限处理公文、盗取国家机要等不良事件经常发生。这些隐患或许会造成国家及政府形象受到侵害，让国家安全处于危险之中。所以，保护信息安全是我国立法中一个急需处理的问题。尽管我国已经制定了标准，可仅是一个标准框架，在实用性方面还不够好。主要原因是：一方面我国对信息安全建设标准的立法不足，致使各类政府在实际执行时采取不同的技术标准和传输协议信息之间不能实现有效共享，就不易实现互联互通，导致部门间协调性和安全性不好，对于政府改善管理办法和提高行政效率不利。另一方面由于全国各地的经济发展情况不统一，各地在信息化的起点和发展情况各不相同，发展程度也参差不齐。总体来说，高校目前在信息安全方面存在诸多不足，要想从根本上避免和降低信息安全事件风险的发生还有许多工作要做。要想从根本上解决目前存在的问题，需要从自身情况出发，借鉴其他行业及同行的经验，制定一套适合的信息安全策略，这才是可行的。

四、高校信息安全方面的人才严重不足

人才是信息安全体系中最为重要的环节，能不能让人的能力发挥到极致，关系到全行业信息安全水平和信息安全保障能力。发达国家在信息安全建设方面最重视的是人才的培养，并让它成

为国家战略的组成部分。

第三节 高校网络信息安全建设中遇到的问题及分析

高校的信息化建设起点低，信息安全技术没有得到足够重视，漏洞多，状况不好，局势也日趋严重。为顺应信息安全的发展局势，我国政府开始重视信息安全，相继出台了一些基本的管理办法。

信息发展的大环境越来越好，国家高度重视，专门设立了国家信息化领导小组，在国家市场监督管理总局和相关部门的配合下，我国同国际标准接轨的信息安全、网络安全技术和相关标准陆续颁布了，接着成立了安全产品检测认证机构，我国信息安全产品的规范化进程也迈入正常轨道。相继创设了全国信息技术标准化技术委员会、信息技术安全分技术委员会。由国家监督市场管理总局和公安部联合授权，设立公安部计算机信息系统安全产品质量监督检验中心。

我国从事信息安全工作的研究机构、公司，潜心在信息安全技术开发、基础研究与技术服务领域奋斗。一部分学校设立了研究所、系与教研室，现如今在工商部门投资注册的信息安全公司和拥有安全经营项目的公司有数百家。把高强度密码算法和防火墙产品作为龙头，我国信息安全产业的发展已经初具规模。

当前，我国信息安全面临的挑战，主要原因从以下几个方面展开论述。

一、信息安全管理缺乏统一协调，信息安全让人担忧

现如今，我国的网络建设属于分散管理，部门之间各人自扫门前雪、条块分割、相互隔离、综合效能低。从技术角度看，互联网的自身结构和区域自治也不能采用集中式管理。国家在网络安全问题上需要拥有最高权威的领导机构，用来对网络安全实施管理的机构，还需要同国家信息化进程保持同步的信息安全工程规划，上述情况阻碍了有关法规的贯彻落实，致使国家对网络信息安全管理权威减弱，所以不能有效防御境外的间谍机构和来自“黑客”的攻击。正在使用的许多信息系统，基本上没有采取任何安全措施，政府建立的网站没有安全保障。大部分的信息系统，长期以来，使用的是国外的安全设备，不仅在安全上不能得到保证，而且无法进行有效监管。国内信息安全研究水平有限，在人力、资金等方面投入不足，现有的做法是“头痛医头，脚痛医脚”，不能从根源上彻底解决国家的信息安全问题，更不要说具有反击能力了，这种形势尤其对我国不利。信息安全与国家安全紧密相连，简单地按“攻破了，再保护”的方法来处理，解决信息安全问题，必须做到“未雨绸缪”，不能出现问题了，再处理。

二、全球信息化对高校信息安全的冲击

（一）世界信息革命爆发对高校信息安全的冲击

信息革命就是指信息领域发生的根本性变革，它包括两层含义：一是信息技术获得巨大突破，

二是信息改变了人类的生活面貌，使人们对信息高度重视。信息革命的核心是“信息高速公路”建设。“信息高速公路”是由美国总统提出来的，指高速计算机通信网络和与其有关的体系。“信息高速公路”看重的是服务，它的宗旨是让各行各业、千家万户对信息的所有需求都能得到最大限度的满足。“信息高速公路”建成时，把网络、电话、有线电视融为一体，变成商业、教育、娱乐、卫生、金融等行业服务的载体。还有一个不同凡响的地方在于“信息高速公路”采取的是双向交流方式，让消费者变成了信息提供者。正如未来学家所预言的，全球“信息高速公路”作为世纪之交的新一轮产业革命和社会革命，最终将把人类引入一个以“信息化”作为现代化核心和灵魂的崭新的社会形态，即所谓的“信息社会”。

信息技术革命是历史进步的火车头。全球信息革命的产生和信息时代的到来，导致世界各国的教育、军事、社会、政治、经济、科技等每一个行业的行为，越来越离不开计算机和网络，网络、信息成为国家非常重要的战略资源。作为现代社会的神经中枢，以计算机为核心的信息网络影响的是整个国家机器的运行。信息不安全，国家将永无宁日，信息安全成为国家战略发展中重要的一项内容。信息安全已成为信息时代高校安全中最突出的问题，成为高校乃至我国总体安全的基石。

（二）科技全球化浪潮对高校信息安全产生冲击

科技全球化是指科技活动的内容、范围和宗旨在世界范围内得到认可，科技活动要素在全球范围内随意流动与恰当配置，科技研究成果实现全球共同分享，以及科技活动法则和制度环境在全球范围日渐达成一致的发展历程。任何事物都有两面性，科技全球化也是一样，它给各国带来发展机会的同时，也让国家安全处于危险之中，因此，信息安全对于一个国家来讲非常重要，国家不安，高校何来的信息安全呢！

科技全球化对于国家安全有两个方面的影响：一方面，科技全球化推动了科学技术、信息技术的迅速发展，科学技术是国与国之间综合国力进行考量的核心因素，也是一个国家经济腾飞的关键所在；另一方面，先进的科学技术和信息技术成为国内、国外极端分子实施破坏、危害国家安全的重要手段。

科技全球化是一股不可抗拒的历史趋势。那么我们面对科技全球化唯一的战略选择，就是按照趋利避害的原则，积极参与和推进这种进程，我们要勇敢地抓住机遇、迎接挑战，充分认识全球化所带来的负面效应，制定一套有效地防范机制，实实在在地保护好我们的国家安全、国家权益。

三、高校师生信息安全意识普遍淡薄、立法不健全

网络的建立、使用是由人来完成的，网络信息的来源、浏览也是由人来操控的。“人网融合是网络时代信息安全最典型的特征”。人编写了“黑客”工具、制造了病毒，网络上最脆弱的也是人，每一次的成功入侵都是因为有人麻痹大意、信息安全意识淡薄，因此，管理人，加强其信息安全意识才是重中之重。网络安全意识淡薄，是之前存在的一个十分严重的问题。一部分人怀有盲目乐观的情绪。他们认为我国高校信息化程度不高，更没有广泛联网，上因特网的只是少数

人。报刊报道的发达国家的网络安全事件，在我国不太可能发生，如果发生也是多年以后的事情，不必大惊小怪，处于“居危思安”的心态中一部分师生满足于拿来主义，他们认为在因特网上就有许多加密软件可以下载。一部分人使用密码时有一个错误的认识：经常改变密码，使用算法就可以高枕无忧，不知道密钥也需要管理。还有。部分师生对国外公司的宣传盲目信任，盲目听信商业广告宣传，相信他们吹嘘的所谓安全解决方案和他们推销的密码。有些人竟不知我国引进的信息安全技术设备和密码算法体系，外国对我们有严格的管理政策，甚至留有后门，也就是说我们使用的产品等级低还要受到监控。凡此种种，都说明师生的安全意识有待提高。

四、高校对信息安全人才重视程度不够

人才在信息安全体系中处于非常重要的地位，我国目前实际情况是：信息安全方面的人才严重不足，造成了我国信息安全核心技术不能走在世界前列。

学校把信息安全专业普遍设置为二级学科，一般把它归类到计算机或软件方向，只有将信息安全设置为一级学科，再以专业培训机构作为辅助，培养出符合行业需求的信息安全人员才是当务之急。

队伍建设方面，高校一般没有设置专业的信息安全技术人员，大多数是管理硬件的人兼任，人的专业素质不够强。还有的高校的很多部门缺乏信息安全管理知识，把开发任务完全委托给第三方，本校人员不参与整个开发过程，导致业务流程、涉密文件第三方了解得很全面，这样的后果是开发过程存在重大安全隐患。

五、高校信息安全保障体系亟须完善

一方面管理上存在不足，发现漏洞没有及时采取补救措施，我们国家在信息安全标准建设、源代码控制等方面的监控措施不及时，很多网站上发布的漏洞安装包更新不及时，对于最新出现的安全风险或漏洞无能为力。从整个高校信息安全联合检查结果来看，很多高校不同程度地存在漏洞修复时间太久，不能做到有了漏洞马上修复，存在 SQL 注入漏洞、文件上传漏洞等各种形式的漏洞，漏洞越多，被攻击的概率加大。

另一方面是新技术的出现，对信息安全产生新的威胁。最近几年，“互联网 +”发展很快，信息技术日新月异，大数据、云计算让各行各业的信息高度集中，这又形成了网络攻击的新目标，怎样处理新技术对信息安全造成的危害显得特别重要。移动互联网、智能终端的出现，带来了新形式的安全隐患。据相关资料报道，大约 1/3 的用户出现了个人信息被窃取的情况。尤其是随着手机网民的快速增长，智能终端的信息安全问题越来越多，手机里存放的是个人事务，里面拥有大量个人信息，吸引了大量的网络黑客和不法分子，针对手机用户的攻击率大增。

第三章 高校网络信息安全保障体系建设

第一节 国家加强信息安全立法体系

缺陷和防范，入侵和反攻，内部环境秩序混乱和规范有序，矛盾双方你来我往的较量，电子对抗技术的发展日新月异、无止无休。单纯靠技术是不可能保障信息安全的，因而安全策略、技术防范和制度防范相结合的原则是防范风险的最好应对措施。我们应该时刻关注信息安全防护技术的最新动态，并将这些新技术应用到高校中，为我所用，更要制定适当的安全策略和严格的管理制度。而制度防范就是对之前所发生事件的一个总结，属于一种应对预案。明天发生的安全事件，今天不可能预知到，可是制定安全策略、实施安全教育和做好心理准备，预先设计方案和应急演练预演等工作可以提前做，具有可操作性。在高校内部计算机网络环境的管理过程中，与冗余备份联合，把非生产环境当作生产环境进行有效地管理，针对有差异的环境采取差异化技术和安全策略，是把管理和技术有效连接在一起的案例。根据木桶原理，系统最薄弱的环节决定了整体的安全性。按照高校目前的信息安全管理现状和发展需要，我们应尽快建立起有效地、综合的、完善的信息安全保障体系。

只要使用网络，信息安全这个问题就不能回避。信息技术、网络安全技术日新月异，而我国与之有关的法规没有及时做出调整，跟不上技术发展的脚步，这些法规对于目前出现的信息安全问题没有与之配套的措施。

一、我国现行信息安全法律法规存在的一些问题

第一，信息安全管理目前情况有些凌乱，在国家高度上没有一个整体规划。现已发布的法律法规和部门规定之间缺少协调性、相通性。因大部分是国家管辖的各部委制定。另外部门规定没有搞清楚：法制、管理和技术三者之间是相互作用、相互影响的，以管理代替法制，以行政管技术的行为还比较多，导致制度执行起来有难度，为实现“建立具有我国特色的信息安全”这一目标所采用的措施还没有形成。

第二，颁布的法律、条例缺少权威性和强制性，还没有达到法律的高度。对于一些已经发布的单行法律，一部分法规制度太过笼统、原则性过强，实际执行中操作性不强。

第三，具有我国特色的信息安全风险评估体系需要进一步完善。信息安全的需求很难达到尽善尽美，防护的对象要保护的目标和界线不好划分，没有一个信息安全风险评估体系和详细的、周密的信息安全保障系统。

第四，信息安全认识不足，有看重产品、轻视服务、看重技术、不重视管理的思想。

第五，专门投入到信息安全方面的经费严重不足；从事信息安全管理方面的人才匮乏；相关的理论研究、核心技术是我们的弱项：大多靠国外引进，信息技术、设备从国外购买回来，管理跟不上，我国最缺少的就是技术创新，信息安全产品品质不高，特别是为实现统一配置、集中管理、信息反馈和互动策略四个任务的安全管理平台的探索与开发尚需努力。

第六，没有专门的组织即具体实施策划、管理、进行协调的立法管理机构，导致我国目前一部分与信息安全有关的法律法规层级偏低。法律不多，行政规章太多，布局不合理，没有形成一个完整的体系；执法主体不确定，职责相互交叉，权利责任没有统一，规则互相矛盾，在实际中可操作性差，有法但是不能执行；量少，内容需要完善，制定时间间隔长，常常是事件发生时无法可依；没有发挥监视督促的作用，一方面是有了法律却不依据法律来执行，另一方面是对于法律的执行力度不够。很多法律法规没有做到与时俱进，部分领域的法律法规还需要继续修订、完善。

二、我国信息安全立法的原则

（一）国家利益原则

信息对于一个国家来讲越来越重要，已成为国家之间竞争的战略资源，没有信息安全就没有国家的稳定、繁荣。信息安全就是要为国家服务，国家利益至高无上。

（二）一致性原则

制定信息安全方面的法律不能与国家法律和国际法相抵触，在内容上不能重复，也不能自成体系，法与法之间是统一的、协调的，防止制定法律出现目的性不强、过于主观和互相矛盾的情况。

（三）发展的原则

信息安全立法的目的是规范人们的行为，但是事情不是一成不变的，应以发展的、动态的观点来制定法律。

（四）可操作性原则

要对现实有针对性，对实践有指导性。

（五）优先原则

急需的先立法、先实施。如个人隐私保护法、信息安全等级保护、信息安全监控等方面要加快立法的步伐。

三、我国信息安全立法的建议

（一）要做好立法的全面规划

进行信息安全立法前需要做长远的发展计划，是对信息安全立法工作所做的整体方案。所制定的法律不再是孤立的，加强与其他法律之间的协调性，使之更加科学、有前瞻性。当下，我们得从国家角度出发，以建立国家信息安全组织机构、健全国家信息安全技术保障体系、保护国家信息系统正常运行等方面着手进行规划。

（二）为信息安全构造的立法框架需要考虑的因素

主体、客体和内容。信息安全的主体有国家网信部门、各级政府、国务院相关的主管部门、从事信息安全的公司、参加数字经济的企业等，充分考虑主体的权利、义务来制定法律，从主体信息获取、存储、传输、处理等方面规范其行为。从客体角度着手，从信息周转的各个环节、信息安全和网络安全、知识产权保护、共享信息资源和信息服务等内容进行立法。从内容角度制定法律，信息安全立法要解决以下方面的问题。

信息表达的权利和义务；

信息获取的权利和义务；

信息保存的权利和义务；

信息传递的权利和义务；

信息处理的权利和义务；

利用和使用信息技术和信息基础设施的权利和义务；

信息资源分配，等等。

（三）要确立信息安全相对独立的关系

一般人感觉，信息安全就是做保密工作。事实上，这种认识不够全面。信息安全概念较宽泛，牵涉的内容很多。信息化应用深入到社会的方方面面，我国没有成立信息安全机关，实际上是各部门统一管理。要把信息安全关系从众多关系中分离出来，变成一个相对独立的关系。

（四）要体现管理与发展并重的原则

制定法律时，一是要考虑怎样明确肯定性法律后果，二是要思索怎样明确否定性法律后果。所制定的法律法规既要体现管理职能，还能推动信息安全技术及产业朝着健康轨道发展。

（五）要考虑规范实现的可能性

所制定的信息安全规范和网络技术很好地融合在一起，在实践中得以执行，千万不要让法律规范变成没有用的空架子。

确立不仅要以目前的法律作为依据，而且还要不受现行法律的限制，敢为人先的主导思想。制定信息安全方面的法律时可能破坏已有的法律，或许与现行的法律有交叉、矛盾，所以在具体制定时，依据的原则是在现行法律的大背景下来立法，目前法律体制中没有的内容，要敢为人先，拓展思路、有所创新。

国家信息安全法不可能解决信息安全中存在的所有问题。没有绝对的安全，只有相对的安全。信息安全面对的不仅有技术危险，更严重的是制度上的危险。信息安全法是终极处理办法，为信息世界提供解决问题的规范，对罪犯来讲是一种威慑，也是国家净化信息社会、治理社会的需要。

政府对于信息化的发展所起的作用是不容置疑的。其一，政府可以提供一个可预见的、透明的和连续的法律环境，法律法规应该遵循技术中立、保护竞争的原则。其二，政府给参与者提供一个信心满满的好环境，换句话说国家开始重视信息制度了。其三，国家进行信息化建设的时候，开始思索，走国际化路线，因此我们的法律需要与国际法、国际惯例对接，即同世界接轨。其四，国家起到一个表率作用，建立与老百姓息息相关的信息系统，如税务信息化、老百姓有困难时寻求帮助的系统等。为了更好地配合我国的信息化建设，政府制定了一系列的法律法规和行政规章。法律体系的信息化建设，实际上就是为政府信息化工作创立和谐、透明、公正的环境。我国建立法律时，在思索本国国情的同时要学习国外的先进经验，建立一个全面的信息安全法律体系。针对信息安全方面的立法空白领域，需要制定新的法律法规。从实际发展情况和政府发展需要来看，信息安全法应包括以下几个方面。

1. 制定一个基础性的国家立法原则

采用网络安全技术，制定网络安全政策，加强网络安全制度管理，无疑可以大大提高网络的安全性，但这些安全技术、安全政策和制度的贯彻执行离不开法律法规这个后盾。信息安全法律可以对计算机的各类信息提出相应的安全要求，对不贯彻执行的要追究其法律责任，以便可以通过法律的约束，充分发挥信息安全技术和信息安全管理实践中的作用。

网络信息安全法律建设应该与网络和信息的高度流动性密切相关，网络和信息独有的特征致使信息流动走出了传统范围，导致从前的法律法规落后于信息技术的发展。因此在立法之前，首先确定基本的国家立法原则：一是开放性，理当通盘考虑网络信息的特性、与法律相关的问题，关于还没有定论的一些特殊情况不妨给出概念，从全局角度实施并加以规范；二是兼容性，应该同目前的法律法规很好地兼容，这样整个法律体系才会非常完整；三是可操作性，最好从保护网络资源的角度出发合理使用这些资源，让信息通过网络实现正常传输，用户的合法权益得到保护，所制定的法律方便当事人起诉、司法机关办案。除此以外，与国际信息法接轨也是不能忽视的，鉴于信息化是以网络为基础的，世界上处于任何一个角落的人，可以通过网络实现互联互通，这也加速了全球信息化进程。我国在信息安全立法前，需要考虑与国际信息法接轨的问题，这样我国的信息安全法律法规拥有国际化标签，让立法的主导思想、法律内容、形式上均具有国际规范，只有这样，在具体事件中我们才能变被动为主动，在国际大舞台上拥有一席之地。

2. 完善信息法律体系

信息安全法律体系一方面促使制定法律的人更加深入地研究、系统地分类，另一方面促使信息立法工作有步骤、有计划地进行，对于信息法规的制定、检索也大有好处。我国的法律部门分类里面不存在信息法这一单独的部门法，信息法没有自己的调整目标吗？答案是否定的。这是信息立法、司法执行环节不足造成的，信息法的理论还需要完善。信息安全是国家安全中非常关键的领域，是法律体系中重要的组成部分。信息安全立法的宗旨是保护信息及其基础设施、服务、个人隐私等，立法的前提是加快网络和网络经济快速发展，扫清发展道路上所有的困难。因此，将保证网络健康、有序的发展当作立法的出发点，信息安全立法，还有很长的路要走。因而，我们要有先后主次之分，遵循事物发展的规律，不能一蹴而就，只能循序渐进地开展。不能再出现制定的法律过于片面、不足。行政法规、部门规章是在社会进步很快、法律滞后的情景下采取的短时应对措施。从长期考虑，我们不赞同用行政法规、部门规定来处理网络信息安全中遇到的各种实际情况。原因有：第一，在我国信息领域中出现的各种情况基本不用法律调解，通常采用政策来调解，处理问题的习惯用经济、行政方式，很少用法律；第二，很多专家把信息技术及其各种社会关系的法律统称信息技术法，并将它归类到科技法中，专家们对信息技术及其社会关系方面矛盾探讨得不多，本书认为信息法的调整对象是信息关系，所以，信息法可以独立并成为法律的组成部分，信息化对全球各个领域带来的影响是深远的，信息技术延伸到社会生活的每。个地方，对科学技术的发展有着巨大的推动作用，制定信息相关的法律应该关注信息的获取、存储、处理、传播环节，不该把信息技术归类到科技法的范围。

3. 加强制定标准化法律法规

关于现阶段我国信息安全的立法工作，还有许多的工作要做，高校信息在公开、储存、发布、监督等方面缺少相关法律法规，或者原有的法规已经不适应现在的情况，造成信息安全无法得到保障，需要制定高校信息资源管理法。

随着高校信息资源管理条例的不断完善，还应加快建设高校信息资源共享的管理体制。从国家层面设立一个组织机构管理全国高校的信息资源，为全国高校实现信息资源共同分享提供保障。用法律手段来规范和协调部门之间信息共享，使用法律的强制力来推动信息在高校部门之间的传递。建立和完善信息共享的监督和激励机制。在倡导信息公开、信息资源共享的同时，保护网络中师生信息的隐私也是不容忽视的问题。应该制定保护电子信息个人隐私方面的法律，提供信息安全方面的保护，建立师生身份认证系统。高校的各种信息系统中，数据库中拥有成千上万的师生、员工的个人信息，海量的个人隐私信息，保护措施不当，造成个人隐私的泄露，容易引起高校信任度危机。

第二节 高校健全校园网络信息安全管理体系

为了提升高校的竞争力、提高整体的管理水平，有必要构建一套规范、有效、系统的管理体系。为了让高校的各种行为有章可循，需要严格的制度来支撑、保障，有了制度，岗位职责、权利、义务、组织、目标更加清晰明了、具体，促使高校平稳地发展。

一、建立信息安全管理体系

解决信息安全问题，需要处理好两个关系：技术和管理。没有技术做基础，管理就无从谈起，如无米之炊，好思路也没有地方展示；没有管理，技术失去了方向，缺少了精神支柱。安全管理在信息安全中起的作用要比技术方面大得多，要重要得多。很多安全事故的发生，不是技术水平低，而应从管理上找原因。为了达到安全管理这个目标，应重点从四个要素来着手：领导、组织、资金和责任制，循序渐进地让信息安全管理制度深入人心。

（一）要切实发挥各级领导的作用

高校信息化建设是一项事关高校管理和服务现代化、管理体制改革和社会化信息发展的大事，是一项涉及面广、组织协调难度大、技术复杂和成本高的系统工程，因此在高校信息化系统的规划和实施的整个过程中，必须建立领导负责制，单位的主要领导必须真正参与制定系统的信息安全管理措施，并进行相应的部门协调工作。高校的领导应该以自己明确的观念来推动高校信息化的构建及推进。这其中分为三种领导力，即各个主管领导力、信息部门领导力和具体工作部门领导力。针对三种领导力，要有共同的目标：其一，校级领导必须充分认识到高校信息化建设具有不同寻常的意义，从而时刻关注信息化建设，让信息化建设更快、更好地发展。其二，领导要熟悉信息化的运行程序，要参与到本部门对于信息系统的建设中来，不能采取由他人代劳，甚至将整个信息系统建设外包给商业公司的方式。其三，领导敢于担当，勇于承担责任。对信息化的整个过程负责，主动迎接挑战，锐意进取，大胆创新，只有这样，群众才会敬佩。

同样，这三种领导力也有着它们不同的要求。针对校级领导，就是在重大问题的决策上勇挑重任、大胆地承担责任，在危机来临时走在前面、顾全大局。在构建信息化的过程中，往往需要跨部门的相互合作，如果仅仅由各个部门分别来推行实施，不能发挥整体的作用和效果，而且各个部门会产生利益方面的摩擦，这就需要主管领导者的领导力起到很大的作用，综合地协调和把握各个部门之间的组织协作，把握好正确的方向。对于中层部门的领导力，工作中要有饱满的热情，胸怀全局、拥护改革，对上级领导布置的任务、精神落实到行动中。最后，对于最底层的工作部门的领导力，这一层级的领导有较强的专业背景，时刻关注信息安全的最新动态，有很强的实践技能，遇到紧急情况知道如何处理，是所在单位的技术骨干。

（二）完善组织保障体系

在高校理应成立一个信息安全领导小组，这是信息安全最高权力部门。下设一个二级单位。信息安全办公室，负责具体制定全校的信息安全策略，由处级干部具体负责并对校领导负责。增设一个岗位：信息安全岗，负责校园网的安全、维护工作。职责是：制定信息安全管理条例；定期发布本单位的信息安全报告；定期召开信息安全会议；向主管领导汇报本部门的信息安全现状；组织本部门参加信息安全方面的学习等。

虽然增设了信息安全办公室，但是信息安全管理仅依靠这一个部门是不能完成的，需要依靠全校各院系、职能部门共同协调配合才能做好这项工作。组织变革是发挥技术作用不可或缺的前提，其一，要实现高校各部门之间的无缝隙。无缝隙是高校冲破部门界限、职能分割，利用网络把各职能部门、职工和各种资源组合在一起，形成统一的局面，为师生提供一流的信息、服务。当有一些突发信息安全情况出现时，通过这个信息平台实现各部门交流、与师生之间的沟通。其二，高校拟定一项措施，提出一个政策，处处体现“以师生为本”的理念。高校在实践中充分使用信息技术实现与师生的双向交流，信息通过网络实现传递，可以采取面对面、使用网络、即时通信、E-mail 等方法，体会师生所想、需求。如果师生的需求因时因地有变化，高校自身采用动态的方式，调整、改进工作方法、思路，最终使师生满意。

（三）强有力的资金保障

高校信息化已经成为国家公共改革的主要目标。因此，必须将信息化建设纳入到财政预算中，提供充足的资金保障。完善信息安全保障体系必须有足够的财政支持，否则，再好的管理办法，也无法从技术层面上化解安全风险。意外情况一旦发生，产生的代价会很高。关于资金来源，按照我们的国情，财政拨款是最主要的方式，把信息安全方面的支出归入到高校的财政预算中。有了资金保障之后，还要有相应的约束机制，要把信息安全建设的资金保管好，用到实处，做到专款专用，从而获得建设的高效率。接受了资金的信息化项目如果出现了经费削减，节约下来的资金不需要返还，可以由部门用于新的信息化项目上，这样就可以成为持续推进信息化安全的动力。除了政府的拨款，还可以考虑使用其他的方法，建立起自己的资金保障体系。

第一，民间私人资助。高校信息化一方面要对全体师生提供服务，另一方面要节约成本。在这个过程中积极起用一些民间的专门企业不失为一个有效地办法。例如，由多个部门共同设立居民身份证发放中心，然后交给专门企业进行运营，政府在这里起到监督作用，这样能更好地提供服务，减少政府在此过程中的人员和设备的资金投入；高校门户网站的建设维护、信息系统的开发外包给专门做这项业务的公司，这样一来可以减少关于网站、信息系统维护费用。

第二，通过收费进行费用回收。高校公开的信息可以分为两类，一类是提供给师生的服务型信息；另一类是提供给专业人士的专业信息。我们收费的对象是这些专业人士，比如图书馆提供的各种数据库、电子期刊、特色资源等，对待这些电子信息，可以适当地征收一点费用，针对这些信息资源征收使用费，考虑到学生实际情况，制定收费标准时尽量低一些，同时为学生下载、查找提供方便。

（四）建立岗位责任制

高校管理体制实施改革，设立岗位责任制，让各个学院、各职能部门中每位成员清楚自已的责任、权利、义务，工作中出现问题、漏洞，有具体的人去落实。实行责任制的意义在于提高工作效率，因而要求严格考核，奖罚分明。信息安全工作无小事，每一项工作细化到人，使工作人员时刻意识到肩上的责任，从而减少人为造成的信息安全事故。可以采取如下做法。

第一，人事安全和操作安全责任制。信息安全机构的领导和职员都要各司其职，各尽其责。尤其是安全管理员要切实完成工作，防止粗心大意造成的安全事故。要建立职员审查制度，既要重视其技术能力，也要注重其品德修养，尤其对重要岗位上的工作人员，要实行从业许可制度，经过计算机安全监察部门审验，才能允许其上岗，这样才能保证其主体素质过硬。

第二，场地与设施安全责任制。为了提高计算机的性能和使用寿命，需要定期对计算机进行维护、保养。机房里电源的电压不能有太大波动，否则影响硬件的寿命。有条件的可安装 UPS

来保护计算机。计算机要定期清除灰尘，灰尘多易使计算机产生静电、硬件短路。机房温度控制在10℃～35℃，温度波动太大也会影响机器寿命，除此之外还要做好防电磁干扰，严重的会引起硬盘、U盘等存储设备中数据不能正常读写。机房中的服务器存储有重要信息，机房管理人员要做好维护、检查、来访的详细记录。不能随意将机房钥匙、服务器密码等信息透露给他人，切实将信息安全工作落实到实处。

第三，数据管理责任制。实施数据的标准化管理是十分必要的，现在的网络通常对上传信息发布格式有统一的要求，为了加强信息的管理、使用，对上传信息内容也做了进一步的规范要求。用户上传信息要求注明是否有版权；用户下载区的信息，根据用户权限并标明机密等级，要求提供用户告知书，信息安全员对信息上传、下载做好监督管理工作，有意外情况发生时，保存好证据，使损失降到最低。

（五）对员工严格管理

高校信息安全管理需要人来实施，为此，对于相关人员的管理十分重要。需要从以下几个方面来加强对人员的管理。

第一，定期对员工进行培训和安全教育。对于员工的管理，首先要定期对员工进行培训，这种培训既包括技术管理人员的业务知识的培训，包括普通员工和师生的安全意识的培训。信息安全无小事，需要，全体师生、教职员工共同参与，利用培训这种方式提高人们的信息安全的认识，员工的整体素质和业务能力。

第二，加强员工管理。首先，做好制度建设。制定信息设备使用制度、信息发布监察制度等。其次，好制度重在落实。定期督查，对于违规的员工追究其责任。对于从事计算机、网络安全保密工作的人，单位定期组织对其进行信用调查，与单位签订保密协议。涉密联网计算机不允许使用无线互联设备、摄像头等。涉密网络与公共网络物理隔离，非涉密网络与公共网络逻辑隔离。

第三，吸引优秀人才。给从事信息安全的技术人员一个好的平台和环境。不仅可以评职称，而且可以正常晋升。把这些人才的积极性、做事精神调动起来，吸引更多、更优秀的人才到这个队伍中来。

二、健全安全规章制度

高校信息安全工作除了采用技术、管理方式，还需要配套安全规章制度，以确保信息安全工作的顺利开展。高校信息安全除了相应的技术手段和管理手段之外，还要具有相应的安全规章制度，以确保安全运行具有可靠的安全制度保障。高校安全运行，一方面要有与网络安全活动相配套的安全组织机构，另一方面要有一套科学的、严谨的网络安全运行规章制度。高校制定的安全规章制度有机构和人员、业务两个方面的规章制度。

关于安全机构和人员方面的规章制度。高校的信息安全部门，不受其他部门管辖，由单位主管校级领导直接负责，管理权限上有其独立性、权威性，部门人员有业务往来时，不要使用普通电话，特别是无线电话，谈论国家有关的涉密工作；不使用普通的传真机、电传机传送国家秘密；不管使用国内还是国外保密机，一定严格按照规定执行审批程序；收发电报严格遵循“密电密复”“明电明复”的法则，禁止密电、明电混合使用，对安全人员制定如下制度：第一，由一个人处理多项工作不利于工作开展，由两个人或多人来处理，可以起到互相监督、配合、制约的作用，与信息安全工作有关的最好有两个或多人同时到达现场。第二，信息安全工作人员定期轮岗，不允许长期从事某项安全相关的工作。第三，工作人员只能关心自己职责内的有关安全工作，不该知道的不能随意打听。第四，工作人员只被授予安全事务中所必须的权限，不允许申请其他权限给用户。

关于安全业务管理的规章制度。第一，安全等级划分，根据信息系统被破坏后对高校、师生、社会等的损害程度来确定。第二，具体业务实施时，员工的所有行动严格按照学校相关规定执行，超出范围或者学校、国家没有相关规定时，员工不能自己做决定，应及时请示主管领导，主管领导无法做主再请示上一级组织，任何一个行为都要做到有据可查。第三，采取两手抓，两手都要硬的方式。网络初始建设、日常维护时，需要具体制定各阶段的要求，因为网络初始设计时考虑不太周全，所以在日常工作中要加强防护措施。对于技术方面风险、人为攻击及管理不到位，制定出预案。当事故来时不慌乱，而是按照预案有条不紊地进行，使风险降低，使系统快速恢复到正常状态。

三、加强对入网信息管理

在门户网站发布信息时，要清楚所发布信息均为非密级信息：学校新闻事件、招生就业信息、教学科研活动等，涉密信息坚决不允许在网上发布。信息发布需要执行审批手续，没有审核或审核不通过的信息不允许上网发布，这样在一定程度上保证了信息安全。各部门之间由于职责分工不同，对于网上发布信息要求也会有所不同。高校的网站可能出现同一内容由多个部门发布或者有的内容没有发布的问题。界定部门的职责，有利于高校在网上的信息的完整性和权威性。另一方面要确保网络信息安全保证。高校需要保密的内容绝不能在网络上泄露。校园门户网站公开发布的信息有：一是面向社会公开的信息，如人事处发布的公开招聘信息，通知公告等。二是只在内部或固定的系统之间共享的信息。三是只对老师或学生开放的信息，如教务系统、科研系统、财务系统等。这些信息属于涉密信息，被窃取、重放会对学校、师生造成严重危害，国家利益受到伤害。针对上述三类信息应采取不同的应对方式：对于第一类信息，完全可以将其公布在高校的门户网站上提供给公众，这正是高校信息化的主要功能之一。第二类信息是高校信息安全防范的重中之重，此类信息传播领域是系统内部、部门内部网络，然后经过严格筛选选出可以对外发布的信息。我们依据信息的本质和关键程度对其进行等级的划分，按照信息等级展开保护工作。通常将网站上发布的信息分为三等：一级是最紧要内部信息，为了安全起见，采用强制性信息安全保护；二级为一般内部信息，实行自主安全保护；三级为公共信息，实行一般安全保护。在我国第三级信息的安全保护能力不强，最好让这类信息不要在网络上发布，防止意外情况的发生，让高校蒙受经济损失。同时在信息保存和传输方面要严格区分内部网上的信息和外部网上的信息，内部网络要与公共互联网在物理上隔开，机密的内部信息都要按照保密规定进行传输和储存，严禁进入外部互联网导致信息丢失和缺损。总而言之，网站上发布的信息遵照本校的信息发布规定，按照信息涉密等级来决定信息发布在哪个网上及在哪个网络开展信息传输。按照信息管理的实际情况，根据我国信息管理的现实情况，加紧对网上信息发布的管理，从源头开始实施规范化，从而确保高校的信息安全。

第三节 建立高校信息安全事件应急处理机制

为切实做好高校信息安全的防范，加强对信息突发事件的应急处理，进一步提高控制信息安全突发事件的能力，最大限度减轻信息安全突发事件的危害，保证信息安全，结合高校实际，制定本应急预案。

一、设立信息安全应急机构

针对高校实际情况，由学校主管领导担任校园信息安全突发事件管理小组组长，组员由现代教育技术中心、信息安全办公室组成，成立信息安全应急机构，当发生校园信息安全突发事件时，就可以由信息安全应急机构统一指挥，全校各个行政机关、院系统一协调，应对突发事件的来临。

二、建立信息安全事件的应急预案

（一）做好准备，加强防范

信息安全应急机构对相应工作要有应急准备。对于查出来的安全隐患、漏洞和缺陷，立即着手制定出具体实施方案，对方案落实给予及时监督，还师生一个好的校园网络环境。

（二）加强信息安全突发事件的快速反应

信息安全应急机构负责信息安全工作，对突发的信息安全事件做到：①及时发现，及时上报信息安全应急小组及上一级领导。②立即保护现场，将网络隔离，防止扩大影响范围。③及时取证，分析、查找原因。④将事件进展情况及时公布，防止有人趁火打劫，尽量减少信息安全事件带来的不利影响。⑤在对突发事件处理的时候，无论是个人还是单位禁止扩散、留存不良信息。

（三）记录上报

突发信息安全事故时，立即向高校的信息安全领导小组汇报，对事件整个处理过程做好详细笔录，实时发布信息安全突发事件的处置情况，留存笔录，直到突发事件处理完毕。对事件发生后的处理进行全面调查，查清事件发生原因及财产损失情况，写出总结调查报告。相关违法事件移交公安机关处理。

（四）善后处理

应急处理工作结束后，现代教育技术中心迅速采取措施，组织修复受损的基础设施，尽快恢复正常工作，统计各种数据，制定恢复重建计划并付诸实施。

合理的信息安全应急机制是成功处理信息安全事件的重要环节，起到有效地预防和控制信息安全事件的发生和进一步扩大，在高校建立信息安全应急处理机制，对整个学校信息安全工作起到非常关键的作用。

第四章　高校网络信息资源管理

第一节　高校网络资源管理

随着社会的飞速发展，国家经济稳步提升，全球化趋势越来越明显，文化多元化越来越具备优势，为了国家软实力的提升、人才培育和信息技术的稳步提升，教学手段也在进步，朝着多元发展，高校网络教学资源建设和管理成为高校师生信息化教学的重点，这是高校教学质量的重要体现。文章重点研究了当前网络教学背景下我国高校网络教学资源建设及管理的问题，并提出相应的解决思路和建设管理方式。

从21世纪起，我们的生活就在逐步全面深入地迈入信息化时代，教育行业作为国家第三产业，信息化必然会影响到教育行业，信息技术已成为高校教学工作的重要工具。对于高校而言，网络教学资源建设已从投影仪、计算机教室发展成为在线教育、网络课堂等。近几年来，教育部也有政策推动高等教育信息化的发展，众多高校也希望通过网络资源帮助教学。对学生而言，可以学习充足的专业和课外的知识，对教师而言，可以通过线上教学的方式和学生互动，增加了课堂的趣味性，且非常方便。现在高校对网络教学资源的需求越来越强烈，建设一个优秀的网络教学资源系统势在必行，我国目前网络教学的建设还在起步阶段，有很多问题亟待解决和改善，本书将针对我国高校网络教学资源的现状和问题提出相应的解决方案，并进一步提出建设目标和规划。

一、高校网络教学资源的概念及类型

（一）高校网络教学的概念

高校网络教学是指各大高校以计算机网络为主要手段进行教学工作，是远程教学的重要形式，是利用计算机和互联网对高校学生进行信息化教育的教学方式。这种方式的特色是依托专业的网络教学平台，实现异地、实时、同步、互动教学的教学模式，是对现场教学的有力补充，有利于实现教育信息化。随着社会信息化的发展，这种模式的发展是时代发展的必然。

（二）高校网络教学的类型

1. 线上直播

现在直播行业发展飞速，也可以用于高校教育，其有互动性、时效性，可以调动学生学习的

积极性，还可以反复观看，加强学生的长期记忆，常用于教师线上实时授课。

2. 网络录播

在直播兴起之前，高校学生都在观看专业的录播视频，它的特色在于各大高校的沟通，很多名校名师将本校的课程放在大学生网络教育平台提供给大学里所有的大学生学习参考。学生对大学里自己感兴趣的选修课程也可以通过观看录播的方式学习。

3. 直播面授

这种方式适合进行公开授课，通过网络将直播和面授相结合，这种平台现在还很少见，比如云朵课堂，还需要进一步发展。

4. 多媒体课件，一对一教学

一般运用多媒体工具开发的教材，下载到本机运行，进行线上一对一教学，这种方式很大程度上方便了课程的教学。

二、当前高校网络教学资源的现状

（一）高校网络教学资源的优势

高校网络教学资源主要是教师利用线上教学的方式教给学生知识，进行互动学习，与传统的线下教学相比，线上教学不受地域限制，通过计算机、手机就可以开展网络教学工作，节省了出行的时间，而且丰富了学生的学习方式，网络资源特别丰富，网络教育平台也很多，通过直播和录播的方式进行课程教学，而且还有课程回放，可以反复加深学生的记忆，提高自主学习能力，丰富了教师的教学方式。网络教学对教师掌握信息技术也是一次检验和挑战，有利于教师信息应用技术水平的提高。

（二）当前高校网络教学资源建设出现的问题

1. 优质网络教学资源供给不足，分配不平衡

现今社会，我国的高等教育已经成为世界最大的高等教育，大学教育满足了社会公众的基本需求，但是，在教育资源和质量方面，出现了一种良莠不齐的现象，国内一线城市、二三线城市，再到县城乡村，教育程度差距很大，国内不同批次的高等院校在办学层次上差距也很大，重点院校的网络教学资源充足有效，而普通本科院校甚至高职院校的网络教学资源就相对匮乏。

2. 高校网络资源建设太过于注重形式，实际效果不佳，资源得不到充分利用

因为信息化的发展，现在的众多高校实际已经拥有了很多的网络教学资源，学校虽然建立了相应的网络教学平台，但是其中的内容多为课件、习题、教案以及一些教学视频，资料还是很少，而且只是简单对相关课程进行简单介绍，也没有进行分类，学生使用起来很不方便，网络资源固然多，但是过于注重数量而忽略了资源本身的质量。

3. 高校网络教学资源建设及管理松散，不够规范

高校的网络教学资源建设和管理很复杂，一般是由不同部门中多人合作来完成的。现在高校对这部分的管理并不完善，主要是高校缺乏统一的规划、资源分配标准也不一致、资源分类不明

显、种属界限不清晰、内容基本上杂乱无序、相互重叠的资源太多、缺乏精确筛选等问题，既不利于教师教学，也不利于学生学习，高校网络教学资源的建设基本各自为政，导致学校里网络教学资源的重复建设现象特别严重，各个高校并没有实现资源共享。同时，对于校内同一门课程的建设缺少协同管理，重复建设的问题也很明显。

三、当前高校网络教学资源建设管理出现的问题对策

（一）高校设立一个固定标准，统一规范化建设管理，实现资源共享

应该积极利用大数据、云计算等信息技术创新各大资源平台与管理平台的建设。这要求各大高校在进行网络教学资源建设时必须建立统一标准，按照统一规范进行操作。目前，国家已经出台了相关的标准，建议在每个高校的各个学院进行管理层培训，在资源管理过程中设立网络资源系统管理员，对用户设立登录权限，并且有权自行编辑、维护网站。另外，可以设立外网登录方式，和其他高校进行合作，达到资源共享，共同进步。

（二）科学规划，完善网络教学平台的质量

对于网络教学平台的建设，其质量的高低取决于有没有对其进行科学合理的规划，这也是网络教学建设的难点，网络教学资源建设的目的主要是让教学资源得到有效使用。所以，我们改革建设的重点应该从数量转移到质量上，实际应用水平有所提升，相关项目多关注质量和效能，使用前邀请技术人员进行评估，只有满足了标准才能予以采纳，高校整理网络教学资源应该以学生需求为中心，筛选重点资源进行优化，一些无用资源可以适当删减，对教师来说，建立能整理各学科知识的系统进行分类归纳，对不同学科的教案、课件、大纲、题库、网课进行统一归类整理；对学生来说，给学生各学科的试题、课件、慕课系统进行分类管理，并进行实名认证，每位学生都可以拥有具有个人特色的网络学习平台，统筹规划各高校的网络教学资源建设与管理，为平台持续性建设打好基础，同时提高资源实际利用率。

（三）注重高校网络教学资源建设的可持续性发展

由于网络教学资源建设是高校教学水平和质量的重要体现和目标，因此进行高校网络教学资源建设是一个长期任务。因为有的高校经济实力不足，办学资源有限，很多都已经停止更新网络教学资源，为了提升我国未来的高等教育水平，网络教学资源平台建设一期完工以后，后期建设具有持续性，网络上的资源要实时更新，如网络视频、网络课件、配套试题、案例题库、资料库、素材库、师生互动平台、虚拟社区等。这样才能足够吸引高校师生使用，有利于平台长期发展，后期发展上可以注重学生的参与，用抽样调查的方式采访学生的想法和提议，做一个贴近使用者的网络平台。同时，为了建设的持续性，需要注重工作人员的培训，提高相关人员的整体专业水平，信息化素养也要有所提升。另外，还要改善评价反馈机制，提高工作人员工作的积极性，利用未来的新技术，降低使用的难度系数，实现网络教学平台普及，资源共享方便，提高平台使用次数和资源的利用率，未来网络教学资源建设的重心应该放在对资源的深入利用和可持续发展上。

现今社会，高校的网络教育资源越来越丰富，为了国家教育事业的发展，应该鼓励推动网络

教学资源的建设，并且做好长期的管理准备，这对高校教学质量的发展有着重要意义。本书对现在高校网络教学建设管理过程中出现的问题进行整理分析，并提出了解决建议，希望高校在进行网络教学资源建设的过程中予以参考。

第二节 高校信息资源管理

一、信息系统资源管理

为了实现信息系统资源的合理开发和有效利用，就必须充分利用计划、组织、指挥、控制与协调的五大管理职能，对信息系统资源进行科学的管理。从系统生命周期的角度，信息系统资源管理可分为两个阶段：信息系统开发管理和信息系统运行维护管理。信息系统开发管理的目的是保证信息系统开发的有序、经济和优质。信息系统的运行维护管理的目的是保证信息系统运行优质、安全和高效。开发管理和运行维护管理反映了信息系统资源管理的时间属性，即从生命周期的角度对信息系统资源管理的内容进行了划分。同时，信息系统是由五大类要素构成的有机整体，要素组合具有空间分布性，因此信息系统资源管理的实质，还要反映在对构成信息系统的五大组成要素的管理上，即要完成对人、硬件、软件、数据和处理规程的管理。把信息系统资源管理的时间属性和空间分布性结合起来考虑，才能够对信息系统资源进行有效地管理，其中包含了开发阶段和运行维护阶段对人、硬件、软件、数据和处理规程的所有管理。这些管理，体现在一系列的活动、规章制度和技术文档中。

二、信息系统开发管理

（一）信息系统开发管理的目的与意义

信息系统开发难度大，需要投入的技术复杂。信息系统开发需要投入大量的人力、财力、物力、时间等资源，对组织的发展会产生很大的影响。只有对信息系统的整个开发过程，按照系统的观点，使用现代项目管理的科学理念和方法进行管理，才可能以较小的投入，取得较为理想的效果。

信息系统开发管理，是在开发的信息系统项目可行并且目标明确的前提下，为按照预定的成本、进度和质量顺利完成开发任务，对需求、成本、人员、进度、质量、风险等进行科学分析和有效管理及控制，保证信息系统项目开发的有序、经济和优质进行而做出的一系列工程化的活动。信息系统开发项目管理要解决的基本问题，就是如何按所选择的方法，对开发项目进行有效地计划、组织、协调、领导和控制。对信息系统进行项目管理的要点如下：一是进行系统的思考，进行切合实际的全局性安排；二是可为项目人力资源的需求提供确切的依据；三是通过合理的计划安排对项目进行最优化控制；四是能够提供准确、一致、标准的文档数据。

（二）信息系统开发管理的内容

1. 信息系统项目开发人员组织

人是信息系统中最为重要的因素。信息系统项目开发管理首先要成立项目管理的人员组织机构，建立一定的人员组织模式。信息系统的开发有全组织的信息系统的开发，也可以是为实现某一管理职能而实施的一个单项业务系统的开发。对于全组织的信息系统的开发，需成立有一把手参与的项目委员会，“一把手原则”是信息系统项目开发管理的核心。项目委员会可下设项目管理组、项目评审组和项目开发组。对于单项业务系统的开发，则可以根据职能所涉及的范围，召集相关部门人员成立开发项目组，项目组中分设系统开发小组和项目评审小组，由项目负责人进行统一管理和协调。

项目管理负责人可以为多人，由职能部门和信息部门管理人员组成。其主要职责为：拟定项目管理的进度安排；组织项目阶段评审；协调整体开发工作；对项目管理采取优化措施；等等。

项目评审小组一般由技术专家组成。主要职责为：对项目的需求分析进行评审；对系统选型和开发计划进行评审；对系统开发进行阶段性评审；对项目总结报告进行评审；等等。

项目开发组由开发技术人员构成。主要职责是：根据项目负责人的安排具体负责项目的技术研发、软件开发、硬件和网络建设、数据建设等工作；项目结束后提交开发成果并形成技术文档；等等。

2. 信息系统项目开发过程管理

过程管理是保证信息项目开发有序进行的重要手段。根据具体的项目执行过程，一个完整的信息系统开发可分为项目授权、需求分析、项目实施管理三个阶段。

项目授权主要明确开发项目管理的责任者，由其完成所负责项目的可行性分析、需求评估，并进行项目开发的总体规划、管理与质量控制等。一般而言，单项业务系统的开发项目，应授权给具备此项业务职能的部门来负责。如果是全组织的信息系统开发，应由成立的项目管理委员会负责。

需求分析主要完成三个过程：可行性评估、需求评估和项目总体安排。可行性评估要从人员、技术、经济、操作、进度等方面进行可行性分析与评价。需求评估要对信息系统开发的整体需求和期望做出分析和评估，明确信息系统项目的预期成果和目标。项目总体安排包括信息系统开发的时间、进度、人员等的总体安排，制定项目的总体计划。

信息系统的项目被批准实施之后，就应开始项目实施的管理工作。项目实施管理的目的是通过计划、检查、控制等一系列措施，使系统开发人员能够按项目的目标，有计划地进行工作，以便成功地完成项目。开发管理的主要内容有：项目选型评估与风险控制，预计需要的资源，费用估算与经费管理，安排工作任务和日程，定期评审，质量保证管理，制定文档并进行管理，开发总结报告，处理意外情况，制定测试计划，等等。

3. 信息系统项目开发管理的质量控制

质量控制是信息系统开发项目管理的重要方面之一，建立和执行适当的质量衡量标准是进行项目质量管理的关键。质量控制贯穿了项目管理的全过程，是在项目管理中对质量的动态管理。其不仅仅是对开发成果的质量要求控制，还包含了对开发工作流程、开发方式、财务成本以及开发风险等方面的控制过程。

质量控制的首要工作就是建立项目的质量衡量标准。项目质量控制标准的制定，是依据系统开发的功能需求，通过开发项目的计划和实施过程，建立起对项目开发的若干要求，并以此作为项目开发评审和控制标准的基础和核心。具体的项目质量控制标准主要包括以下内容：①项目开发工作流程的合理化。②开发时间和成本预算控制。③项目风险控制。④开发工作安排效率。⑤开发工作的协调管理过程。⑥流程化开发方式的运用。⑦程序的运行效率和统一的信息标准。⑧信息系统需求方满意度。

项目的质量控制建立在对开发过程的实际表现情况进行观察的基础上。通过项目执行过程中的各种渠道，收集项目实施的有关信息，了解开发过程的实际表现情况。在这一步骤中可以利用的信息渠道有：

(1) 正式渠道

如定期编写项目进度报告，召开项目开发情况通报会议等。

(2) 非正式的渠道

如在开发过程中与项目小组成员或需求方的交流等。

项目的质量控制，要将项目进行的实际表现和制定的控制标准进行比较，找出差距，及时采取纠正措施，保证质量。比较项目实施的实际表现和预先制定的控制标准的差距，主要是为了了解项目进展情况，及时调整与项目计划的偏差。管理控制标准，为客观评价项目状况提供了依据，使项目负责人能够迅速、有效地对项目的实际进展做出全面、客观的判断，从而及时采取必要的措施。

项目质量控制最后的步骤是采取调整措施。将项目实际表现和衡量标准进行比较，如果出现偏差，就需要采取调整或纠正措施。纠正措施可以采取以下的形式：①对开发流程进行合理化调整。②协调项目资源的合理分配。③建立系统、全面、准确的技术文档资料。

信息系统资源开发采用项目管理的理念和方法，保证了信息系统上线前质量优良、功能满足，为信息系统资源的有效利用打下良好的基础。

三、信息系统运行维护管理

信息系统运行维护管理是指信息系统上线后对信息系统运行过程中的人员、硬件、软件、数据、规程等进行管理的活动。人员管理的重点在于人员组织机构建设、培训和各种制度的建设；软硬件管理主要是指对软硬件系统的运行进行监测、记录、维护和评价的过程；数据管理主要是指数据库的日常管理和维护。也可以把对软硬件、数据、处理规程的管理分为信息系统的日常运行管理、信息系统的维护、信息系统运行中的IT服务管理和信息系统的评价四大部分。其中信息系统运行中的IT服务管理主要体现在改善系统对组织的优质服务上，是对信息系统资源进行充分利用的重要管理措施。信息系统的处理规程的管理主要包括制定和修订规程，完成对规程的载体——文档的管理。信息系统运行和维护管理是保证信息系统资源被充分利用的重要措施。

信息系统的重要组成部分是人，合适的人员队伍是保障信息系统运行的基础。因此，对人员进行科学的管理，是信息系统健康运行的关键。信息系统运行和维护人员管理的主要内容是：信息系统运行和维护人员组织机构建设，各类人员的培训，各种规章制度的制定与执行。组织的信息系统运行和维护机构依托于组织信息化的管理机构。运行和维护机构一般是以CIO为首、以组织的信息部门为依托实体，与组织内各部门专职或兼职信息系统管理人员相互连接的一个有机整体，其主要职能是完成信息系统运行与维护阶段的各项工作。人员培训，保证了信息系统资源正确操作和充分应用。各种规程是用来规范各类人员行为的依据。规程管理的重点表现在：各种管理制度的建立、有效地执行与监督。管理规范的高校，每一项具体的业务都有一套科学的运行制度。信息系统也不例外，同样需要一整套的管理制度，来确保信息系统的正确和安全运行。信息系统人员管理相关的制度包括各类机房安全运行管理制度和其他制度。

（一）信息系统运行和维护的组织机构

高效和结构良好的运行和维护的组织机构是信息系统运行和维护能正常开展的基本保障。组织的信息系统运行和维护机构发展经历了不同的阶段。总体来看，从早期的主要负责硬件维护、一般的技术支持的计算机中心演变到后来从事组织内部信息化建设与维护的信息部门，发展到今天，以CIO为首、以组织的信息部门为依托实体的、组织内各种专职或兼职信息系统管理人员网状连接形成的完整的信息系统运行和维护机构，成为高校信息系统运行和维护机构的主要力量。

随着“软件即服务”“云计算”等一系列新理念、新技术的出现，信息系统的运行和维护机构将逐渐从组织内部向组织外部发展，信息系统的运行和维护外包也成了新的发展趋势。

（二）人员培训

信息系统运行阶段的人员培训是信息系统人力资源管理中最主要的工作，是信息系统运行和维护中人力资源管理的重要内容。信息系统是一个向单位或部门提供全面信息服务的人机交互系统。人员培训是根据信息系统应用需要和用户操作需求，由专业人员对信息系统运行和维护的不同的人员进行基本操作和系统应用的培训。由于信息系统的终端用户多数是非计算机专业人员，对这些用户要进行基本操作的培训和各自相关的系统功能模块使用的培训是非常必要的。同时，信息系统运行和维护阶段对终端用户的培训，要重点考虑和业务应用相关的流程和操作的培训。对所有人员还要进行各种规章制度的培训。系统维护和管理人员要重点进行有关的管理制度的培训。人员培训是保证不同用户对系统进行正确操作的重要措施。

信息系统是一个人机系统，涉及信息系统运行过程的人员大致可以分为以下两类：终端用户、系统维护管理人员。与组织管理被分为战略、控制与操作三个层次相一致，终端用户又可分为高、中、低三层不同的用户，他们是信息系统的使用者；而系统维护管理人员是维护信息系统、保证终端用户正常使用信息系统的专业人员。这里的人员培训主要针对终端用户进行，而系统维护管理人员通常需要进行专门的技术（如操作系统、数据库、网络、应用系统等）和管理制度等的培训。

通过人员培训要达到以下目标。

第一，应使用户对目标系统有较全面的了解，缓解或消除对系统的误解、抵触和恐惧情绪，并知道如何使用和维护系统，如何利用系统提供的信息，提高全员信息意识。

第二，在用户中强化信息管理的理念。信息系统的作用不应仅限于提高信息处理的速度和准确性，更在于实现报表自动化。在现代高等教育的背景下，信息已成为高校的重要战略资源，信息管理日益成为高校管理的核心。采用先进的计算机工具，应用先进的通信技术，利用管理科学的最新成果，综合处理高校内外部的信息，即建立高校信息系统，从而辅助学校各级管理人员科学决策，已成为高校信息管理的发展趋势。

第三，应使用户了解目标系统对现行系统的新要求，为新系统的运行做必要的准备工作。计算机在管理中的应用，对管理工作提出了内容更广泛、质量更严格的要求。常规的管理基础工作已远远不够了，它必须以科学管理为基础，要求有合理的管理体制、完善的规章制度、稳定的教学秩序、科学的管理方法和完整准确的基础数据。

在信息系统的建立和使用过程中，用户培训工作应密切结合各业务部门的要求和系统建设各阶段的具体需要。大多数信息系统只重视在系统调试时的集中培训，而忽略了信息系统运行阶段的各种内容的长期培训。在信息系统运行阶段，由于系统在实际运行中会碰到各种问题，必须对用户进行深入广泛的、有针对性的培训。这种培训是保证信息系统长期运行的基础。培训内容应随系统运行的需要而定，根据不同对象，进行不同形式、不同内容、不同层次的培训。培训可按照专业教育、技术培训、普及教育三个层次，采取多种形式，灵活多样地进行。用户培训的方法有如下几种：①让需要培训的人员参加部分或整个系统的前期开发工作，在实践中学习有关知识。这种方法几乎适用于所有的用户。国内外的经验表明，结合重大任务及日常工作，对人员进行这种培训，是提高在职人员的技术水平和业务能力，保证系统一体化运行的一种行之有效地方式。②把需要培训的人员送到相关培训机构，进行定向代培。这种方式比较适合于培养专职计算机技术人员和系统维护管理人员。③在系统投入使用前后对人员进行各种操作培训，通过教员现场演示和用户实际操作相结合的方式，逐步提高用户的计算机操作水平。这种方法比较适合于培养初级程序员和计算机操作员。④举办多种形式的短训班，请有关人员以授课的方式讲解计算机知识和经济管理知识，如：计算机知识，包括计算机基础、数据库、网络与通信、程序设计方法等；管理知识，包括高校管理基础、经济数学方法、现代化管理常识等；信息系统的概念和目标系统的概况，包括系统分析与设计方法、高校信息系统的发展概况、计算机在高校管理中的应用案例、目标系统的硬件和软件结构等。

实际培训的内容可根据高校的具体情况适当增减，因人施教，以取得更好的培训效果。

三、信息系统运行管理制度

信息系统运行管理制度指信息系统运行过程中的保障信息系统安全、稳定运行的各种规章制度，主要用于规范各类人员的行为。信息系统运行管理制度主要有信息系统运行的机房安全运行管理制度及软件、数据、信息等的管理制度等。

机房安全运行管理制度，是针对物理意义上的机房管理而制定的各种规定，主要保证物理意义上的机房处于监控之中，安全正常地为信息系统运行服务。主要包含以下内容：①身份登记与验证出入。②带入、带出物品检查。③参观重点机房或中心机房必须经过审查。④专人负责启动、关闭计算机系统。⑤对系统运行状况进行监视，跟踪并详细记录运行信息。⑥对系统进行定期保养和维护。⑦操作人员在指定的计算机或终端上操作，对操作内容按规定进行登记。⑧不做与工作无关的操作，不运行来历不明的软件。⑨不越权运行程序，不查阅无关参数。⑩操作异常，立即报告。

信息系统的运行管理制度，还有对软件、数据、信息等进行管理的制度，要求这些要素必须处于监控之中。主要包括如下内容：①必须有重要的系统软件、应用软件管理制度，如系统软件的更新维护、应用软件的源程序与目标程序分离等。②必须有数据管理制度，例如重要输入数据、输出数据的管理。③必须有密码口令管理制度，做到口令专管专用，定期更改并在失密后立即报告。④必须有网络通信安全管理制度，实行网络电子公告系统的用户登记和对外信息交流的管理制度。⑤必须有病毒的防治管理制度，及时检测、清除计算机病毒，并备有检测、清除的记录。⑥必须有人员调离的安全管理制度。例如，人员调离的同时马上收回钥匙、移交工作、更换口令、取消账号，并向被调离的工作人员申明其保密义务，人员的录用调入必须经人事组织技术部门的考核和接受相应的安全教育。⑦建立安全培训制度，进行计算机安全法律教育、职业道德教育和计算机安全技术教育，对关键岗位的人员进行定期考核。⑧建立合作制度。加强与相关单位的合作，及时获得必要的信息和技术支持。

除此之外，所有人都必须遵守国家的有关法律和法规，特别是关于计算机信息系统安全的法律法规。近年来，国家和地方都相继出台了许多这方面的法律和法规。

四、信息系统日常运行管理

信息系统日常运行管理是为了保证系统能长期有效地正常运转而进行的活动，具体包括系统运行情况的记录、审查踪迹、审查应急措施的落实、系统硬件及耗材等资源的管理、系统升级与退化等内容。对系统运行情况的记录应事先制定登记格式和登记要点，具体工作主要由使用人员完成。人工记录的系统运行情况和系统自动记录的运行信息，都应作为基本的系统文档按照规定的期限保管。这些文档既可以在系统出现问题时查清原因和责任，还能作为系统维护的依据和参考。

（一）系统运行情况的记录

原则上讲，从每天计算机的打开、应用系统的进入、功能项的选择与执行，到下班前的数据备份、存档、关机等，都要对系统软硬件及数据等的运行情况做记录。运行情况有正常、不正常与无法运行三种情况，由于该项工作较烦琐，为了避免在实际工作中流于形式，因此，一方面，尽量在系统中设置自动记录功能；另一方面，可对正常情况不予记录，对于不正常情况和无法运行情况则应将所见的现象、发生的时间及可能的原因做尽量详细的记录，因为这些信息对系统问题的分析与解决有重要的参考价值。

（二）审计踪迹

审计踪迹就是指系统中设置了自动记录功能，能通过自动记录的信息来判明系统的问题和产生问题的原因。这里的审计有两个特点：一是每日都进行，二是主要是技术方面的审查。

在审计踪迹系统中，建立审计日志是一种基本的方法。通过日志，系统管理员可以了解到有哪些用户在什么时间、以什么样的身份登录到系统，也可以查到对特定文件和数据所进行的改动，现在大多数的操作系统和数据库都提供了跟踪并自动记录的功能。例如系统管理员可以观察到一天中对某个文件进行访问的所有用户，并分析在他们访问的前后该文件发生了什么变化。在一些数据库系统中还提供审计踪迹数据字典，使用者可以用预先定义的审计踪迹数据字典视图来观察审计踪迹数据。对于审计内容可以在三个层次上设定。

1. 语句审计

语句审计是对于特定的数据库语句所进行的审计，例如在一个系统文件中记录所有使用了Create命令的信息。

2. 特权审计

指对于特定的权限使用所进行的审计。

3. 对象审计

规定对特定的对象审计特定的语句，例如可以审计在某个文件上进行了修改其内容的语句。

（三）审查应急措施的落实

为了减少意外事件引起的对信息系统的损害，首先要制定应付突发性事件的应急计划，然后每日要审查应急措施的落实情况。

应急计划主要针对一些突发性的、灾害性的事件，例如为应对火灾、水害等而制定的一些措施。因此，机房值班员每日都应仔细审查相应器材和设备是否良好，相应资源是否做好了备份。资源备份包括两个方面的工作，即数据备份和设备备份。数据备份是必须要做的，在关键的领域还必须进行设备备份。

数据备份的方法有：全盘备份，即时全文件进行复制；增量备份，即对新增部分每次进行复制；基本备份，即对大量的不易实现的数据进行重点备份，同时也可以分类进行文件备份；离开主机备份，即将备份文件复制到远离主机或文件中心的其他主机或者存储库中。无论是采用何种备份方法，都要保证备份文件放在灾害和事件影响不到的地方，这样，才能确保意外事件发生后可以依靠备份恢复到原系统。

（四）信息系统硬件和耗材等资源的管理

在维持信息系统正常运行过程中还有一个常见的问题—如何管理系统硬件及耗材资源。例如对计算机的使用及打印纸、墨粉的消耗等，都要制定合理的管理方法。对不能充分满足用户需求的资源一般可采取收费的方法来控制。收费既要能使系统的效能发挥到最大，使得信息系统部门的利益和管理措施得到保证，又要做到业务部门愿意接受，不能妨碍业务部门的正常使用。因此，具体的收费模式可以采取先向业务部门调查，再采取类似听证会的形式决定。

（五）系统升级与退化

系统升级是指信息系统有新版本时根据相关升级合同进行系统更新。信息系统退化是指信息系统的维护成本高于其带来的收益时，信息系统的生命周期将要结束。老的信息系统退化后，又要进行新的信息系统的规划、分析、设计、实施与运行，信息系统新的生命周期将会开始。

五、信息系统数据管理

数据是信息系统的基础。从信息系统运行和维护管理的角度来看，现代信息系统运行阶段的数据都是以电子形式存在的多媒体数据库。因此，对数据的管理，实质上就落实到对这些多媒体数据库的管理。数据库是信息系统运行阶段非常重要的多媒体数据介质，是信息系统原料(数据)和产品(信息)的集散地。因此，数据库安全可靠的管理是信息系统运行管理的重要内容之一。数据库管理由数据库管理员(简称DBA)来完成。数据库管理主要包括以下五方面的内容。

（一）决定数据库中的信息内容和结构

数据库中要存放哪些信息，DBA要参与决策。因此，DBA必须参加数据库设计的全过程，并与用户、应用程序员、系统分析员密切合作共同协商，搞好数据库设计。

（二）决定数据库的存储结构和存取策略

DBA要综合各用户的应用需求，和数据库设计人员共同决定数据的存储结构和存取策略，以求获得较高的存取效率和存储空间利用率。

（三）定义数据的安全性要求和完整性约束条件

DBA的重要职责是保证数据库的安全性和完整性。因此，DBA负责确定各个用户对数据库的存取权限、数据的保密级别和完整性约束条件。

（四）监控数据库的使用和运行

DBA还有一个重要的职责就是监视数据库系统的运行情况，及时处理运行过程中出现的问题。比如系统发生各种故障时，数据库会因此遭到不同程度的破坏，DBA必须在最短时间内将数据库恢复到正确状态，并尽可能不影响或少影响计算机系统其他部分的正常运行。因此，DBA要确定和实施适当的后备和恢复策略，如周期性的转储数据、维护日志文件等。

（五）数据库的改进和重组重构

DBA还负责在系统运行期间监视系统的空间利用率、处理效率等性能指标，对运行情况进行记录、统计分析，依靠工作实践并根据实际应用环境，不断改进数据库设计。不少数据库产品都提供了对数据库运行状况进行监视和分析的实用程序，DBA 可以使用这些实用程序完成这项工作。另外，在数据库运行过程中，大量数据不断插入、删除、修改，随着时间的增长，必然会影响系统的性能。因此，DBA 要定期对数据库进行重组织，以提高系统的性能。当用户的需求增加和改变时，DBA 还要对数据库进行较大的改造，包括修改部分设计，即对数据库进行重构造。

DBA 的主要操作具体有：

安装和升级数据库及应用程序工具；

确定数据库设计系统存储方案，并制定未来的存储需求计划；

开发人员设计新的应用时，创建数据库存储结构；

开发人员设计新的应用时，创建数据库对象；

根据开发人员反馈的信息，必要的时候，修改数据库的结构；

登记数据库的用户，维护数据库的安全；

保证数据库的使用符合知识产权的相关法律法规；

控制和监控用户对数据库的存取访问；

监控和优化数据库的性能；

制定数据库备份计划，出现灾难时尽快将数据库信息进行恢复；

维护适当介质上的存档或备份数据；

备份和恢复数据库，联系数据库系统的生产厂商，跟踪技术信息。

六、信息系统维护管理

信息系统的维护是为了使信息系统处于合用状态而采取的一系列措施，其目的是纠正错误和改进功能，保证信息系统正常工作。导致信息系统维护的内外部因素有：①外部环境的改变，包括国家有关的法律政策的改变、高校制定的规章制度的改变。②组织管理方式和业务过程的改变。③用户需求的增减改变。④运行硬软件平台的变化与升级。⑤设计中存在的问题。⑥其他的突发事故或者自然灾害的影响。

根据系统需要维护的原因，系统维护有以下四种类型。

（一）改正性维护

当信息系统交付使用后，由于软件开发和测试不全面，会有一些意想不到的错误发生，这些错误是在某种特殊的使用条件下才能发生。因此要改正软件中的瑕疵，以保证系统在所有可能的条件下都能正常工作。为了改正这些错误而进行的诊断和修改称为改正性维护。

（二）适应性维护

在软件使用过程中，由于新的硬软件配置、数据环境、数据格式、输入输出方式、存储介质等的改变，要求软件能够适应这种变化而做出的调整和修改叫作适应性维护。

（三）完善性维护

在信息系统使用过程中由于用户需求增加而产生的软件的修改或者再开发称为完善性维护。

完善性维护可以扩充软件的功能、改善系统的性能、提高系统的运行效率、改善软件的可维护性。

（四）预防性维护

预防性维护是为了避免一些不必要的错误产生、提高软件的可维护性和稳定性而预先采取的一些措施，包括系统结构局部的重新设计、部分软件代码的重新编写和测试等。

在这些维护活动中，完善性维护所占的比例最大，占整个维护工作的一半以上。实践表明，维护工作主要是改善系统的性能、增强系统的功能，而不是过多地去纠正错误。

系统维护的主要内容有：

1. 程序的维护

为满足用户对程序功能的扩充而修改或重新编写程序。

2. 数据的维护

数据项的增减（最为复杂）、数据的改正。

3. 代码的维护

代码项的增减、代码值的修正。

4. 设备的维护

设备的修理、更新、升级，以及因突发事故或自然灾害造成设备的更换等。

在信息系统运行过程中，维护的工作量会占到系统运行生命期的 70% 以上，工作量非常大。因此，必须对维护工作进行科学的安排，按照科学的流程进行维护，同时要做好记录和反馈工作。系统维护的流程如下。

确定维护目标：进行维护问题的分类，确定不同类型维护的目标并进行记录。

建立维护计划和方案：根据维护类型和目标制定不同的维护计划和方案，并通知相关工作人员。

维护的实施：修改程序及调试、更换设备，并将维护的结果上报记录。

系统维护档案建立：系统维护还要完成因维护工作而引起变化的文档的修改任务，以备维护验收。

维护的验收、总结和评价。

七、信息系统文档管理

信息系统的文档，记录了信息系统项目的建设过程，是以书面形式记录人们的思维活动及工作结果的文字资料，主要包括系统手册、用户手册、管理员手册、操作规程及其相应的管理制度。它作为系统建设中的重要文件，是系统维护的指南，也是系统开发人员与用户进行交流的重要工具。完整、规范的文档，能有力保障系统的运行和维护工作。如果系统的文档欠缺或不规范，将给系统的维护工作带来许多麻烦，特别是在系统的原班开发人员发生变化后，将会使系统维护与升级工作更难，甚至造成系统生命力提前丧失。有专家认为：系统文档是信息系统的生命线，没有文档就没有信息系统。因此，在信息系统项目的开发与使用过程中，要做好文档的整理和管理工作。

（一）信息系统文档的地位

信息系统文档作为系统建设与使用中的重要技术文件，记录了信息系统项目建设过程中各类人员的思维活动，以文字资料的形式描述出了系统开发过程的轨迹。在软件工程学科领域，把程序和文档合并在一起称为软件。程序的必要解释、说明，称为文档。程序与文档的作用不同，程序是交给计算机来执行的，文档是交 1 给人们阅读的。由于人脑的思维活动具有不可见、不稳定等特点，用文档来描述人脑的思维活动，使之成为信息系统建设过程的可见物，以此来统一人们的思想、认识，同时也可以方便系统开发中各类人员能够进行交流、沟通，更好地搞好系统的建设和开发工作。文档在系统的开发和使用中具有重要地位，具体可体现在系统生命周期的各个阶段。在系统总体规划阶段，在进行系统概要调查的基础上，要形成良好的用户需求文档，否则系统分析、设计工作就失去了可靠的基础。在系统的分析设计阶段，在系统总体规划指导下，在进行详细调查的基础上，要形成良好的系统分析、设计文档，否则，将造成信息系统项目开发过程的混乱、无序状态，影响系统开发的效率，甚至导致失败。在系统的试运行、运行、维护阶段，也应建立良好的文档，防止对系统运行、维护带来不必要的麻烦和困难。因此，文档是信息系统的重要组成部分，没有文档的信息系统，不能算是好的信息系统。

（二）信息系统文档的作用

文档在信息系统项目的开发建设和运行维护过程中，最重要的作用是进行沟通，它在用户和系统开发的各类人员之间起着桥梁和纽带的作用。

第一，在系统规划和分析阶段，有利于系统分析员与用户进行沟通，交换意见。系统分析员可以通过项目的可行性分析报告、总体规划报告、项目开发合同书、系统分析说明书等文档资料与用户进行交流，以保证系统的需求分析正确。

第二，在项目开发过程中，有利于系统的开发人员与项目负责人进行沟通。系统开发人员通过阅读系统开发计划（如任务分解表、甘特图、网络图、经费预算表等）、系统开发月报、系统开发总结报告等项目管理文件，可以明确自己的工作任务和努力方向。项目负责人也可以依据此文档对开发人员的工作进度、质量进行监督。

第三，有利于开发人员之间进行交流和合作。在系统开发的各个阶段，形成相应的文档资料（如系统分析说明书、系统设计说明等），可以为不同阶段的开发人员进行工作衔接和开发人员的合作创造有利条件，同时，能够大大降低人员流动给系统开发带来的风险。

第四，在系统的测试阶段，有利于系统测试人员与开发人员进行沟通。系统测试人员可以根据系统分析说明书、系统开发合同书、系统设计说明书、测试计划等文档，对由开发人员开发出来的系统进行测试工作。

第五，在系统的运行过程中，有利于用户与系统开发人员进行沟通。系统的最终使用者是用户，他们可以通过阅读由系统开发人员编写的用户手册和操作说明书、操作手册等文档资料，熟悉系统的使用方法与操作过程。

第六，在系统的运行维护阶段，有利于系统维护人员与系统开发人员进行沟通。系统维护人员可以依据系统设计说明书、系统开发总结报告(研制报告、技术报告、技术手册等)，对系统进行维护和升级。另外，文档还有利于用户和系统维护人员进行沟通。在系统的运行过程中，很可能出现这样或那样的问题，随着时间的流逝，系统的应用环境或高校的总体目标变化等因素，均会导致系统的功能不适应变化的需要。系统维护人员可以依据用户在运行中形成的问题记录、运行报告、修改建议等文档，以及系统开发人员留下的技术手册等文档，对系统进行维护、升级等。

信息系统的文档，除了以上在沟通、交流方面的作用外，还具有监视和审查的作用。每份文档都是项目建设过程中有关人员的一种书面承诺，绝大多数文档都有签名(表明其对所签署部分文档内容的认可)，如果出现合同纠纷，文档可以作为重要的证据使用。

(三)信息系统的文档管理内容

信息系统文档不是事先一次性形成的，它是在系统开发、运行与维护过程中不断地按阶段逐步编写、修改、完善与积累而形成。信息系统文档管理内容包括文档制定、修订和存档等。

信息系统文档管理是有序地、规范地开发与运行信息系统所必须做好的工作。目前我国对于信息系统的文档内容与要求基本上有了统一规定，主要分为技术文档、管理文档及记录文档等类型。当系统变化较大时，系统文档将以新的版本提出。系统文档管理工作主要包括：①制定文档标准与规范。②指导文档编写。③收存、保管文档与办理借用手续等。④所有文档都要收集齐全，统一保管，专人负责，形成制度。

八、信息系统的评价和审计

信息系统评价是指对信息系统的运行状态和运行质量进行各种衡量，以判断其是否能优质、高效、安全地运行的活动。

(一)信息系统评价目的

信息系统建成并运行一段时间后，就要对其技术性能及经济效益等方面进行评价。评价的目的是检查系统是否达到预期的目标，技术性能是否达到设计要求，系统的各种资源是否得到充分利用，经济效益是否理想，指出系统的优势与不足，为以后的改进与扩展提出意见。

信息系统的有利与不利之处体现在定性与定量两个方面，因此评价工作难度较大。目前一般都采用多指标评价体系的方法，这种方法先提出信息系统的若干评价指标，然后对各指标评出表示系统优劣程度的值，最后用加权等方法将各指标组合成一个综合指标。

(二)信息系统评价内容

第一，在管理方面，评价内容主要考虑提高高校管理水平、优化管理流程、完善规章制度、提高人员素质等。

第二，在技术方面，评价内容主要是管理信息系统的性能，包括以下五个方面：①系统的总体水平，有系统的总体结构、地域与网络的规模、所采用技术的先进性等；②系统功能与层次，如功能的数量与难易程度或对应管理层次的高低等；③信息资源利用的深度，如高校内部与外部信息的比例、外部信息的利用率等；④系统的质量，如正确性、可扩展性、可维护性、通用性、效率等；⑤系统文档的完备性以及系统的安全性与保密性。

第三，在经济方面，评价内容主要是信息系统的成本与效益。

信息系统的成本主要有开发成本、设备成本和运行成本。开发成本包括系统分析、系统设计、编码和测试、人员培训、记录文件等方面的成本。设备成本是购买新设备和软件包、设备安装调试、配置计算机房的设施等所花费的成本。运行成本有人力成本、设备维护和程序维护成本、管理费用、文档资料维护成本等。

信息系统的效益主要有直接效益和间接效益两个方面。直接效益可以用货币来衡量，可以对高校产生有形的影响。例如减少办公经费开支、减少人员开支、减少处理时间和错误等。间接效益包括辅助决策、提高工作满意度、增加用户亲切感等，主要对学校产生无形的影响。因此，信息系统具有价值，包括有形价值与无形价值。

（三）信息系统审计

1. 信息系统审计的方法

信息系统审计过程与一般审计过程一样，分为准备阶段、实施阶段和报告阶段。其中，准备阶段和报告阶段所涉及的技术方法与财务审计所运用的技术方法区别不大，而实施阶段所涉及的技术方法则具有信息技术的特色。在实施阶段，针对被审计的信息系统，审计人员所开展的工作可以分为三个层次，即了解、描述和测试。

计算机信息系统环境下审计技术方法与手工环境下传统的审计技术方法相比，相应增加了计算机技术的内容。对信息系统审计的方法既包括一般方法即人工方法，也包括应用计算机审计的方法。信息系统审计的一般方法主要用于对信息系统的了解和描述，包括：面谈法、系统文档审阅法、观察法、计算机系统文字描述法、表格描述法、图形描述法等。应用计算机的方法一般用于对信息系统的控制测试，包括测试数据法、平行模拟法、在线连续审计技术（通过嵌入审计模块实现）、综合测试法、受控处理法和受控再处理法等。应用计算机技术的审计方法主要是指计算机辅助审计技术与工具的运用，但不能把计算机辅助审计技术与工具的使用过程与信息系统审计等同起来。在信息系统审计的过程中，仍然需要运用大量的手工审计技术。

2. 信息系统审计应关注的重点环节

第一，数据环节在审计中，必须使用一种方法能够向前、向后追踪单个交易和资产记录，以便使审计人员选择一些交易对其进行详细检查，确认交易记录是否符合一般的审计目标。如对会计事项信息的检查，要检查它的完整性、时效性、合规性和信息披露等方面，检查内容包括与本会计年度有关的交易是否全部记录在册；所有记录的交易是否都是合理发生的并与本会计年度有关；记录的交易是否数据准确，计算无误；记录的交易是否符合基本的和辅助的法律规定，符合特定权威机构的要求；对记录的交易是否进行正确的分类，并符合信息对外披露的要求；等等。对财务报表信息的检查，要检查完整性、存在性、会计计量、所有权以及信息披露等方面，检查内容包括是否记录了所有的资产和负债；所有记录的资产和负债是否都是存在的；对资产和负债的计量是否精确，计算方法是否符合按合理性、一致的标准制定的会计政策的要求；确认资产是被审主体所有的、负债是被审主体应该承担的，并且资产和负债是否由合法的经济活动产生的；资产、负债、资本和存货是否都得到正确的披露。同时对信息系统提供的业务信息也要进行分析，例如每月的工资总数、某阶段的付款清单和订货信息等，要弄清基本的交易情况，并一直追踪到信息源。对上述信息的分析可以采用计算机辅助审计技术，按照特定的标准对数据进行汇总、分类、排序、比较和选择，并进行各种运算。

第二，内部控制环节。内部控制一般而言是指组织经营管理者为了维护财产物资的安全、完整，保证会计信息的真实、可靠，保证经营管理活动的经济性、效率性和效果性以及各项法律和规范的遵守，而对经营管理活动进行调整、检查和制约所形成的内部管理机制，是组织为实现管理目标而形成的自律系统。计算机系统的内部控制主要分为应用控制、一般控制和管理控制三个方面，在审计过程中要对被审计单位内控制度进行评价，包括电算化系统的内控制度。为了对系统的内控制度进行评价，审计人员必须验证内部控制系统是否存在，并能提供令人满意的证据，证明它正在有效地发挥作用。在计算机系统中，应检查以下方面来证明内控制度的有效性：①控制系统资源的存取。包括物理资源，例如终端、服务器、连接盒、相关文档等；还包括逻辑资源，如软件、系统文件和表、数据等。②控制系统资源的使用。用户应该只能对授权给他们的那些资源进行操作。③建立按用户职能分配资源的制度。把重要的任务功能按用户或用户组进行分离，以减少无意的误操作、滥用系统资源和对数据的非授权修改。④记录系统的使用情况。按时间顺序建立一个使用记录，记录内容应包括例外事例和与安全有关的事件是由谁触发的，财务信息的创建、修改和删除是由谁完成的。⑤确认处理过程的准确性。用产生的财务控制信息，确认处理过程的准确完成。⑥管理人员对财务信息系统的修改。应该保证财务信息系统的所有修改都是经过授权、有文档记录、经过彻底（独立地）测试的，确认最后以一种有控制的方式投入使用。⑦保护财务信息系统免遭计算机病毒的袭击。必须建立一套控制措施，检测病毒，防止病毒感染财务信息系统。⑧数据传输转移环节在信息系统中，有些数据需要在两个财务信息系统或财务信息系统与业务信息系统之间相互转移，在此过程中可能会出现一些问题，尤其是在需要手工重新录入时。因此，在审计时要重点关注以下方面：在转移过程中数据可能会发生变化；新的科目代码表与老的可能不一样，需要在两个财务信息系统之间建立复杂的对应关系；中心数据库可能被一些地理上分散的服务器取代；当前财务信息系统中的数据质量不佳；当用一个总的信息系统取代一个预定财务信息系统时，需要补充许多新的数据。在检查这一环节时，一定要保证输出的消息是经过批准、完整和精确的，保证输出的消息在约定时间内准确地发送给指定的接收者，保证流入的消息是完整、准确和真实可靠的。

第三节 高校网络信息资源管理的发展

信息时代的到来，将竞争推向新的高潮，高教改革、高校扩招要求现代高校管理人员不但要具备专业方面的知识，而且必须掌握相关以及相应交叉学科的基本知识，以提高管理水平。作为高等院校高素质管理人员，需要具备敏锐的鉴别力、果敢的创造力、协调的控制力。经过百余年的发展，信息管理的过程已经经历了传统管理时期，技术管理时期，信息资源管理时期，现在正逐渐向“网络信息资源管理”阶段演进。这种演进和发展对信息管理工作模式和服务模式势必造成巨大的变化，产生新的社会需求，而网络信息资源管理正是这种新需求下的产物。

一、网络信息资源流

（一）信息资源（IR）和网络信息资源（NIR）

随着互联网发展进程的加快，信息资源网络化成为一大潮流，与传统的信息资源相比，网络信息资源在数量、结构、分布和传播的范围、载体形态、内涵传递手段等方面都显示出新的特点。这些新的特点赋予了网络信息资源 (NIR) 新的内涵。网络信息资源指在互联网上以各种方式存在并传播的信息集合。目前网络信息资源以因特网信息资源为主，同时也包括其他没有联入因特网的信息资源。与传统的文献信息资源相比，网络信息资源具有明显的不同，作为知识经济时代的产物，网络信息资源也称虚拟信息资源，它是以数字化形式记录的，以多媒体形式表达的，存储在网络计算机磁介质、光介质以及各类通信介质上，并通过计算机网络通信方式进行传递信息内容的集合。主要表现在它以电子数据作为主要的承载形式，既可以是文本信息、图像信息，又可以是视频、音频等多媒体形式。此外网络信息资源无论是在规模上、分布上，还是更新速度等方面都是传统的文献信息资源所无法比拟的，所以，如何按照网络信息的特点和网络用户的信息需要对网络信息资源进行有效地组织管理，是网络信息资源建设过程中十分迫切的重要问题。

（二）信息资源流

信息资源流是有序运动的信息资源的集合。与河流水系一样，信息资源流的形成也必须至少具备源头、渠道和目的地三个要素。信息资源流的源头是拥有生产信息资源能力的人或机构；流通渠道一般分为正式渠道和非正式渠道，这两者互为补充，共同构成信息交流的通道。目的地则是需要信息资源的人即用户。与河流水系不同的是，信息资源流的源头与目的地常常可以互换，彼时的源头此时可以是目的地，此地的源头在彼地可能是目的地，一个人或一个组织也可以同时既充当目的地又充当源头。因此，信息资源流的运行与控制比河流的运行和控制复杂、艰难得多。

一般来说，任何正常的具有思维能力的人都可以成为信息资源流的源头，同时又必然是信息资源流的目的地。在实际生活中，信息资源流的源头多为那些善于发掘、创造和积累信息资源的人，如科学家、教师、作家、记者、律师、管理者、工程师、决策者等。一般大众更多的是充当信息资源流的目的地角色，他们接收信息资源，将其转化为物质、能量或自身的能力与素质。在信息资源流流动的过程中，出于永久利用、反复利用和有效利用的目的，人们也常常通过人工设施来“拦截”和“储蓄”信息资源流，这样就形成了类似“水库或人工湖”的图书馆、档案馆、情报中心、信息中心等形式的信息资源中心。信息资源中心既可以改变信息资源流的流向和时间，在用户需要时为其提供所需的信息资源，从而提高信息资源的利用率；又可以通过类似发电的方法对信息资源进行开发，以改变信息资源的结构和功能，提高信息资源的品位，实现信息资源的增值。

（三）信息资源交流

信息资源交流是一种有目的的社会活动，是人们为实现资源共享而对信息资源流实施组织规范、引导和控制的过程。从要素分析的角度认识，信息资源交流的出现和存在需要具备交流者、交流对象、交流内容（信息资源）、交流媒介和控制者等要素。这些要素依据一定的方式可整合为特定的信息系统，如出版社、广播电台、电视台、报社、图书馆、档案馆、情报信息中心等，虽然它们具体交流内容、方式和任务各不相同，但究其实质都是对信息资源流的管理与控制活动。

二、高校网络信息资源管理存在的主要问题

（一）网络信息资源分类组织体系不够完善

由于 Internet 是一个基于 TCP/IP 协议连接的计算机网络，对整个互联网来说并不存在一个统一的管理机构，任何政府、企业、个人都可以在网络上以任何方式发布信息，所以即使采用同一种组织方式来组织管理网络信息资源，其信息描述语言、表达方式也有很大差别，这就增加了网络信息资源组织管理的难度。目前网络信息资源的组织管理存在的问题很多，其中最主要的问题是以下两个方面。第一，网络信息资源的分类组织体系不完善。分类法符合人们按类检索信息的习惯，虽然传统的文献分类法的这种分类思想广泛应用于网络信息组织中，但目前只有少数网站，如 CERNET、超星数字图书馆采用传统的分类工具组织网络信息，大多数门户网站都采用自编的分类体系进行信息组织，网站的分类目录是以网络信息的主题作为聚类的主要依据，是分类法与主题法的结合，分类目的划分不是严格的等级列举式，类目的排列不局限于类目之间的内容联系和逻辑关系，这些分类体系的设计主要从网络信息的特点和网络用户的实际需要出发，为广大网络用户利用网络信息提供了一定方便，但这些分类体系的设置在分类标准的选择、一级类目设置的数量、分类体系展开的层次、类目的排列等方面各自为政、自成体系，规范化和标准化程度不高，给用户理解和使用不同网站的资源带来困难，不利于网上信息资源的共建共享。

（二）搜索引擎的搜索质量不高

利用搜索引擎来组织信息资源，对用户来说其最大缺陷是查准率很低。这主要是由于在信息标引过程缺乏人工干预，导致准确性较差，加之检索软件的智能化程度又不很高，造成检索误差较大。人们利用搜索引擎进行信息检索时，虽然一次检索输出的结果可能很多，但往往会包含许多的重复、虚假信息，即检索噪声较大。再者，不同的搜索引擎有不同的检索项选择、检索界面，

不同的句法要求和对符号、标识符的处理，因此检索策略的构造输入方式也会直接影响检索结构。许多搜索引擎并没有覆盖所有网络信息资源，对用户来说也存在查全率较低问题。此外，许多存储在各类数据库中的信息，搜索引擎无权访问。这些都极大地影响搜索引擎的查全率。

三、高校网络信息资源管理的理论核心

高校管理的核心理念就是服务学习和教学，也是高校管理的出发点和归宿。因此，在拟定高校管理理念时，必须以信息技术时代为背景，以学习和教学为指向，要着力于学习时空的开放化，学习方式的多元化，教学手段现代化。IRM(信息资源的技术管理的英文缩写)，它是三种基本信息管理模式的集约化。信息资源的经济管理和信息资源的人文管理，它们分别对应不同的背景，即信息技术，信息经济和信息文化。

（一）人文角度

人们试图通过政策、法规、伦理道德的相互协调，将行政手段、法制手段和精神文明的力量结合起来，实现高速信息网络资源的规范化和有序化管理，形成有机体系和健康的网络文化，以保证高速信息网络有序运行。这些手段的综合运用改变了自20世纪60年代以来形成的单依靠技术的单一模式，解决了许多技术手段无力解决的问题，有助于克服网络迅速膨胀和无序扩张引发的种种弊端，创造和谐、均衡、有序的信息环境，并使技术发挥更大的效能，因此对应于信息网络文化的人文管理模式，其方向使网络环境中的信息政策和信息法律等，在网络信息资源的管理实践中相辅相成，有机结合。

（二）技术角度

人们除了利用信息科学的原理研究解决大系统的稳定性，网络结构的有序性和高速率传输中的各种问题外，主要是用情报学的理论方法研究信息网络特点的信息系统、信息媒介和利用方式。即对应于网络技术的技术管理模式，其研究内容是新的网络信息系统，新的信息媒介和网络信息环境中的信息资源分布、采集、组织、存储、检索、传播与服务。

（三）经济学角度信

经济信息是人类经济活动的状态及变化的客观反映。其从根本上改变了人类信息生产、分配、流通和利用模式，引起整个信息产业革命。以高速信息网络为基础的信息活动具有与经济活动相同的特征、过程和媒介，存在着供求关系，投入产出关系和费用效益等方面的问题，有必要按照经济规律，遵循经济规律，运用经济杠杆，对网络信息活动进行经济管理，使网络信息资源的实现最优配置，获得最大限度的利用，发挥最佳效益。对应于网络信息资源的经济管理模式，其研究方向是网络信息资源服务业引发的经济问题，研究内容是因特网产业结构与管理，网络环境中的资源的合理配置，网络市场的运行与管理等。

四、高校网络信息资源管理创新研究

（一）管理人员角度

如何利用有限的经费和信息资源最大限度地满足用户的信息需求，如何调动信息资源管理人

员的积极性和创造性以提高信息资源管理系统的效能，如何改进和完善信息技术以期适应新的工作需要，如何促进和维持信息资源管理系统的有序运行和良性循环等，都属于管理功能的范畴。网络信息资源管理是由信息资源管理人员（在高校，一般指的是图书馆信息服务部、校信息中心等老师）控制和操作的过程。如何满足用户的信息需求，在多大程度上满足用户的信息需求和一个信息资源管理系统能够达到什么样的运行状态，在很大程度上都取决于信息资源管理人员的整体结构、素质和能力。一个信息资源管理人员最好既了解信息资源及其交流过程，又了解用户的信息需求并掌握各种适用的信息技术。信息资源管理人员是信息资源管理的主体，他们有思想、有感情、有追求也有惰性。一个具体的信息资源管理系统必须灵活地运用管理理论、心理学理论、社会学理论与其他相关理论及经验知识，才能最大限度地调动他们的积极性和创造性，才能为信息用户提供更高的信息服务。

（二）信息资源角度

在现代信息环境中，信息技术的主导地位越来越明显，信息资源管理人员的主要任务将不再是从事具体的信息资源的采集、组织、存储、检索、开发和传播工作，而将主要从事信息资源管理的研究，并设法将研究成果转化为信息技术，然后由这些信息技术组成的自动化系统代替人来完成上述这些具体工作。在网络信息资源管理活动中，数据库技术具有非常广泛的应用领域，它是实现资源共享，节省开支，提供系统的反应能力，工作质量和服务水平的重要手段和技术保证。

从目前的状况看，我国可供服务的信息资源显得比较匮乏，我国现在有可读的信息资源还是很少。虽然与发达国家相比，我国的数据库建设还不太令人满意，但是我国的网络信息资源的开发建设工作也有相当的成就，特别是高校系统内的网络信息资源的开发建设已经达到相当水平。

网络信息资源管理是信息资源交流过程和管理相契合的产物，是围绕用户信息需求的产生和满足而形成的闭环系统，即网络信息资源管理系统，它是高校 EMIS 的一个非常重要的子系统，它是由信息资源、信息用户、信息技术、管理信息、经费和信息资源管理人员等要素组成的整体。

它的运行有赖于计划、组织、指挥、协调、控制等管理功能的实现。知识经济是以信息技术为基础的，同样高校网络信息资源管理建设与发展也离不开网络信息资源管理系统的建立，这是高校实施网络信息资源管理的先决条件，也是构造网络信息资源交流网络的要求。高校应加强网络信息资源管理系统建设，建立以网络技术为支撑的信息资源管理系统能为高校提供信息资源交流的平台，为知识共享提供友好的界面。校园网及分布于不同物理位置的数字化设备，是构建数字化校园的重要基础设施，既可面向校内外开放，也可以将校园的专有成分纳入系统之中。为了推进高校网络信息资源管理的进程，必须建设一个宽带、高速、可靠、安全、有线和无线相结合、遍布校园各个角落的多媒体网络平台，将其作为沟通组织内部各个部门的桥梁，并为教师和学生提供便利而有效地获取信息的手段。同时要做好接口功能，实现与校外网站的有效联结，以充分利用国际、国内的信息资源，实现校内外资源的有效流通，使信息资源流动起来，构建数字化校园，建立递增收益网络。

该系统以对用户信息需求的分析为起点，通过信源分析、信息采集与转换、信息组织、信息存储、信息检索、信息资源开发和传递等环节，最终满足用户对信息的需求。与纯粹的信息资源交流过程相比，网络信息资源管理具有更为明确的目的、更为严密的组织和更为强烈的服务特征。

第五章 高校网络信息安全管理

第一节 高校网络安全管理

校园网中存在的安全风险和不确定因素将对信息系统和师生的数据安全形成较大的威胁。技术支撑体系是网络安全工作的关键所在，技术水平决定着网络安全水平。结合“一个中心，三重防护”的思想，一个中心是指安全管理中心，三重防护是指通信网络防护、区域边界防护、计算环境防护，构建网络安全技术支撑体系可以从三方面入手：一是通过部署校园网防火墙、Web 应用防火墙、安全威胁分析系统和堡垒机监督审计系统，完善网络安全防护措施；二是通过 VPN 限制访问范围、进行定期的安全扫描及整改、建立 HTTPS 协议加密访问、使用统一身份认证及双因素认证机制，增强应用防护能力；三是部署主机安全防护系统和主机安全配置核查系统，增强主机安全防护能力。

一、完善网络安全防护措施

（一）部署下一代防火墙

信息化建设和管理部门应根据各应用系统需求，制定基于 IP 地址、源 / 目的端口、服务 / 应用、用户 / 组、安全域、时间等元素的访问控制策略，特别是敏感时期要对安全策略进行动态调整；建立基于 Web 攻击的静态规则及黑客攻击过程的动态防御机制，提高 Web 攻击防护能力；运用 APT 检测功能定位网络中的“肉鸡”，保障校园网内部网络安全；对校园网中的所有流量进行应用层的安全分析，防范安全威胁事件的发生。

（二）Web 应用防火墙的云模式（云 WAF）检测

高校通过部署云 WAF 检测，对信息系统（网站）实施安全防护，拦截 SQL 注入、XSS 跨站脚本攻击等行为，主动发现恶意 IP，快速识别和拦截潜在的安全威胁，增强高校 Web 应用的整体安全性，扩大防护范围。

（三）部署安全威胁分析系统

为了提高防护能力，可在校园网中部署安全威胁分析系统，其基于恶意域名、IP、URL、木马特征等威胁情报库，在协议特征分析的基础上，通过情报命中、规则检测、深度学习模型的匹配等策略，在校园网络流量中准确发现校园内部失陷主机与被控端的连接。信息化建设和管理部门据此及时掌握校园网内的所有失陷主机及关联威胁，进行及时处置，实现对校园网的高级入侵行为检测和防范，提高对新型网络攻击的预警和处置能力。

（四）建设堡垒机监督审计系统

网络安全等级保护2.0对信息系统运维过程提出了“事前预防、事中控制、事后审计”的要求，高校可建设堡垒机监督审计系统，系统运维人员需要通过访问堡垒机，才能维护被授权管理的系统。堡垒机对授权人员的运维操作行为进行记录、控制和审计，以此加强对校园内部运维管理行为的规范和监管。

二、增加应用安全防护手段

（一）VPN技术的应用

为了优化校园网的安全性，高校将VPN技术引入到校园网的建设中，可对学校的网络资源进行分类控制，一般的网站和电子邮件系统可对互联网开放访问，而办公系统、财务系统、教务系统、图书资源等平台则须使用VPN系统访问。SSL VPN常应用于远程访问的安全接入，尤其是基于B/S结构的网络应用，用户只需通过标准的Web浏览器连接Internet即可访问校内的网络资源，无须安装客户端软件，既安全又便捷。

（二）定期全网安全扫描

信息化建设和管理部门定期组织对各类信息系统（网站）进行漏洞扫描，充分发现应用系统的安全漏洞；对漏洞扫描结果进行评估和分析，提出可操作性的整改建议；将整改建议及时下发到各二级单位，督促限期进行漏洞整改，有助于降低或避免校园网计算机信息系统的风险。

（三）HTTPS协议加密访问

学校可根据不同的中间件(IIS、Apache、Nginx、Tomcat、WebLogic等）为校园网内的信息系统（网站）配置安全证书，启用HTTPS安全访问协议。HTTPS协议是由SSL+HTTP协议构建的，能有效规避钓鱼网站的欺骗行为，加强对师生个人信息的安全保护。

（四）统一身份认证及双因素认证访问相结合

统一身份认证系统主要包括统一身份认证、统一授权和安全审计模块，实现校内各个应用系统的单点登录功能，师生只需要记住一套用户名密码即可登录被授权的其他系统，避免多套认证管理出现安全漏洞，为校内各应用系统提供安全可靠的用户认证。在此基础上可采用双因素认证，通过PIN码和动态口令的结合，实现师生访问系统时每次密码的动态随机变化，解决由传统口令泄露造成的损失，降低安全风险，提高应用系统的访问安全性。

三、加强主机安全防护能力

（一）部署主机安全防护系统

在综合分析主机终端面临的安全风险的基础上，高校可在校园网络内部署主机安全防护系统：首先，对校园网受管控范围内的主机进行全面资产识别，构建统一的资产库；其次，搜集主机中的操作系统、应用、中间件、数据库等信息，与漏洞数据库进行比对，从中发现漏洞，并按预制策略进行漏洞修复；最后，更新资产数据库，形成一个闭环管控的校园安全管控中心。同时，主机安全防护系统需要对业务服务器上的流量和行为进行监控，记录网络访问情况和注册表变更等信息，实现风险识别、威胁检测、攻击事件判定、策略实施及回溯等功能，从安全事件、风险文件、系统漏洞、安全基线等多个层面对主机进行安全分析，学校网络安全管理人员据此及时调整安全防护措施，提高安全防护效率。

（二）主机安全配置核查

主机安全配置包括日志策略、审计策略、用户身份鉴别策略、访问控制策略、数据备份策略及应用服务开启配置等。高校可部署安全配置核查系统对校内各业务系统的各类安全策略配置情况进行自查，对其结果进行自动分析并生成分析报告，以及时发现当前业务系统所面临的安全问题并提供有效地解决办法，降低业务系统安全隐患。

学校的各类信息系统不仅为校内师生服务，还为社会提供相关服务，关系到国内和国际舆论影响带来的社会稳定和公众利益。高性能、高效率、稳定可靠的校园网是校内网络资源和服务的基础保障平台。网络安全是一个动态的过程，外来的安全威胁并非一成不变，安全防护措施需要根据网络安全态势及时做出调整，对新的风险和威胁需要持续关注。本书提出构建网络安全管理体系及技术支撑体系，落实等级保护相关要求，并进一步做好网络安全宣传教育和培训工作，加强风险评估、渗透测试、安全加固及安全策略优化等网络安全防护，旨在有效减少安全隐患，降低安全事件发生的概率，保障学校信息化工作的有序、健康、高质量发展。

第二节　高校信息安全管理

随着高校信息化的深入，信息资源在高校教学、管理中的地位日益提高。信息系统是信息资源的重要组成部分，其在高校中的战略地位越来越被重视。高校信息系统资源管理，就是为完成信息系统资源在高校教学、科研、后勤等方面的合理开发与高效利用，保证优质的信息系统上线，并能发挥信息系统在高校各项事务管理运行中的重要作用所采取的一系列管理措施。作为高校管理信息的工具，信息系统像是一个神经系统，为高校的运行管理传递、存储、加工种信息，并为在校师生提供其所需的信息服务。因此，高校信息系统资源管理工作值得有关部门重视。

一、高校信息系统的基本概念

简单地理解，高校信息系统 (University Information System，简称 UIS) 是一个完成高校信息采集、传递、存储、加工、维护和使用等信息处理活动的系统。它是以提供信息服务为主要目的的数据密集型、人机交互、移动应用的系统。从技术层面上讲，高校信息系统有四个特点：①涉及的数据量大。高校信息系统涉及教务、科研、人事、学生管理、后勤管理、财务等方面，信息量大，涉及范围广。②绝大部分数据是持久的，需长期保存。③这些数据为多个应用程序所共享，如一卡通系统数据、教职工档案、学生基本信息等。④除具有数据采集、传输、存储和管理等基本功能外，还应向用户提供信息检索、统计报表、事务处理、规划、设计、指挥、控制、决策、报警、提示、咨询等信息服务。⑤信息系统平台具有多样化特征。

二、高校信息系统的组成及分类

（一）高校信息系统的组成

信息系统是一种非常复杂的人机系统，其组成要素种类众多，结构复杂。一般来说，信息系统可以看成是由人、硬件、软件、数据和处理规程五种要素所构成的有机整体。信息系统中的人是指与信息系统进行交互的组织内外的所有人员，包括终端用户—信息使用者（如组织中的决策人、各级管理人员和基层业务人员等）、系统操作员（如收集、加工、传递信息的有关人员）、系统运行和维护人员（如设备的操作与维护人员、数据库管理员、网络管理人员等）、系统建设者（如系统分析员、程序员）。硬件是指信息系统中的所有物理设备，它包括计算机硬件、网络设备和其他信息收集与处理设备，如摄影、录音等装置。软件包括应用软件和系统软件两大类。其中系统软件包括支持计算机及其网络运行的操作系统和各种支撑应用的服务软件（如 Web 服务器、数据库服务器等）。数据是信息系统最重要的要素，是信息系统处理的对象，数据在信息系统中经过加工后变成对用户有用的信息。处理规程包括保障信息系统正常运行的各种规章制度，它包括规范各类人员的权利、责任、工作程序及奖惩办法的各种规定文件，有关信息采集、传递、存储、加工、维护和使用的各种技术标准和工作规范，各种设备的操作维护规程等相关文件，信息资源开发、利用与传播的有关制度、政策与法律，等等。

（二）高校信息系统的分类

一个高校组织的运行与一般组织相似，包括操作层、知识层、管理层、战略层四个层次的内容。按照信息支持的不同层次，组织中的信息系统'可以分为事务处理系统、知识工作系统、办公自动系统、管理信息系统、决策支持系统等。

三、信息系统的生命周期

信息系统和其他事物一样，有一个产生、发展和消亡的过程，这个过程周而复始，形成信息系统的生命周期。信息系统的生命周期可划分为五个阶段：系统规划阶段、系统分析阶段、系统设计阶段、系统实施阶段、系统运行与维护阶段。

（一）系统规划阶段

系统规划阶段的任务是对高校的环境、战略、目标、现有系统进行初步调查，根据学校的目标和发展战略，确定信息系统的发展战略，对建设新系统的需求做出分析和预测，考虑建设新系统所受的已有的法律、政策和其他各种约束，同时制定建设信息系统的各种指标，研究建设新系统的必要性和可能性。根据需要与可能，给出拟建的各种子系统的顺序以及备选方案。对这些方案进行可行性分析，写出可行性分析报告。可行性分析报告审议通过后，将新系统的建设方案及实施计划编写成系统开发计划书。

（二）系统分析阶段

系统分析阶段的任务是根据系统开发计划书所确定的范围，对现有系统进行详细调查，描述现有系统的业务流程，指出现有系统的局限性和存在的不足，确定新系统的基本目标和逻辑功能要求，提出新系统的逻辑模型，包括数据流程图、数据字典、处理逻辑说明、存取分析等。在信息系统分析阶段，要回答信息系统“是什么样”的问题，系统分析完成后形成“系统分析说明书”。

（三）系统设计阶段

系统设计阶段的任务是根据系统分析说明书中规定的目标和功能要求，考虑实际条件，考虑设计实现逻辑模型的技术方案—设计新系统的物理模型，它包括系统总体设计和详细设计两部分内容。系统总体设计完成系统的硬件体系、网络结构、软件组成和应用软件模块结构的设计；详细设计完成数据库和文件设计、代码的设计、输入输出的设计、人机交互设计等。系统设计要回答“怎么做”信息系统的问题，即确定系统开发的策略。这个阶段完成后的技术文档是“系统设计说明书”。

（四）系统实施阶段

系统实施阶段的任务是将设计的系统付诸实施，即完成“做”信息系统的工作。这一阶段的工作主要包括计算机硬件设备的购置、安装和调试，系统软件和开发工具的购买，网络连接与调试，应用程序的编写和调试，人员培训，数据文件转换等。这个阶段的特点是几个互相联系、互相制约的任务同时展开，必须精心安排、合理组织。系统实施按系统设计说明，制定系统实施计划，分阶段完成。每个阶段应写出实施和状态报告。系统测试前应设计测试计划书，系统测试之后写出系统测试分析报告，然后完成系统切换，使信息系统开始上线运行。

（五）系统运行与维护阶段

信息系统运行与维护是应用信息系统的阶段。在这个阶段中，信息系统的价值的体现，需要从资源管理的视角使用和管理信息系统，以期发挥其最大的效用。信息系统投入运行后，需要定期进行人员培训，记录系统运行的情况，经常进行系统的维护和评价，根据统一的标准和规格对系统进行必要的修改，评价系统的工作质量和经济效益。对不能修改或难以修改的问题记录在案，定期整理成新需求建议书，为下一周期的系统规划做准备。信息系统的运行与维护是信息系统生命周期的最后一个阶段，是信息系统开发完成后投入使用直至系统退化的一个重要阶段，也是信息系统发挥作用，体现信息管理服务于用户的一个阶段。信息系统的运行与维护阶段是信息系统一个重要时间段，可以说某某信息系统运行了4年、8年或20年，之后系统退化，开始开发新系统。

四、树立信息系统的资源观

所谓资源观就是人们对资源的认知或看法，它是随着社会发展变化而不断变化的。在知识经济条件下，新的资源观主要包括资源系统观、资源辩证观、资源层次观、资源开放观等。用这些观点来审视信息系统，就形成了信息系统的资源观，其核心思想就是把信息系统作为组织一种重要战略资源来认知。具体来说，信息系统资源观主要体现在以下四个方面。

(一)信息系统资源系统观

信息系统资源系统观是信息系统资源观中最核心的部分。信息系统资源系统观包含以下三点内容。

第一，信息系统是高校组织系统中的一个子系统，是非常重要的一个系统，相当于组织的神经系统。因此要正确处理信息系统与其他资源之间的关系，就要把信息系统资源看作核心战略资源优先发展。

第二，信息系统资源是由各种组成要素或者子系统资源构成的。开发和利用信息系统资源，就要开发和利用信息系统中各种子系统资源，协调优化，使之成为一个有机的整体。系统集成为我们整合优化信息系统资源提供了科学的工程方法。系统集成，就是通过各种网络技术，将各个分离的设备、功能和信息等集成到相互关联的、统一和协调的系统之中，使资源达到充分共享，实现集中、高效、便利的管理。系统集成采用功能集成、网络集成、软件界面集成等多种集成技术。系统集成实现的关键在于解决系统之间的互联和互操作性问题，它是一个多厂商、多协议和面向各种应用的体系结构。系统集成的目标是要解决各类设备、子系统间的接口、协议、系统平台、应用软件等，与子系统、建设环境、施工配合、组织管理和人员配备相关的一切面向集成的问题。

第三，信息系统资源是动态发展的，有产生、发展和消亡的生命周期。因此，要想发挥信息系统资源的作用，就必须做好其生命周期中每一阶段的工作。开发好信息系统，是信息系统资源生命周期良好的开始。采取各种措施，保障运行和维护阶段信息系统能优质、安全、高效地使用，才能充分发挥信息系统资源在高校或组织中战略资源的作用。在信息系统资源的消亡阶段，要总结问题，完成新老系统的顺利更替；要充分利用现有资源，对遗留系统资源进行优化和重组，才能最大限度地降低成本，为开发新信息系统资源奠定良好的基础。

(二)信息系统资源辩证观

资源辩证观是信息系统资源观中非常重要的内涵。信息系统资源辩证观是指如何处理好信息系统资源的几个矛盾关系，如信息系统资源的有限性与无限性问题、信息系统资源的有益性与有害性问题、信息系统资源的量与质问题。信息系统资源，就其物质性而言是有限的，然而对信息利用的潜在能力来说则是无限的；符合社会法律、法规和道德规范的信息系统资源是有益的，反之则是有害的；任何信息系统资源都有质的优劣和规模的大小两重性的问题。正确处理好这三个辩证关系，才能充分发挥信息系统资源的作用。

(三)信息系统资源层次观

资源反映了人类认识和利用资源的水平，根据认知水平来区分资源层次。物质、能量、信息是现实世界客观存在的三项可供利用的宝贵资源，而社会生产力和人类文明发展的不同程度，必然导致人类对资源的认识的形成分为三个不同的层次。较为低级的生产力使人们认识到了较为低级的资源—物质资源。随着生产力的发展，人类发掘利用了能源资源，能源资源在人们的认识中属于较高层次的资源。随着人类文明高度发展，人们认识到了更高层次的资源—信息资源。信息系统是一种非常重要的信息资源，在众多资源中处于最高层次的地位。

（四）信息系统资源开放观

信息系统资源开放观是开发和利用信息系统资源的又一重要理念和认识。世界经济一体化的趋势，要求人类必须树立各种资源的开放观念。资源开放观是指从地区到全球，从微观到宏观，从局部到整体，在不同层次上都要形成一种统一的资源观；打破地域和层次封锁，合理配置资源，实现结构动态化。对信息系统资源，也要站在这个角度认识，才能实现信息资源的充分开放和信息的全面共享。如今，各种基于服务的共享式信息系统应运而生，“云计算机”成为一种信息系统资源开放观的新理念，“泛在网络”为信息资源的共享提供强有力的物质基础，各种开放共享的、以信息服务为目的的“云”，必将为全人类的生活、生产带来巨大的益处。

五、数据安全管理

信息系统管理的对象就是数据，数据安全管理是信息系统安全最根本的落脚点，其他层面的安全管理也是为数据安全目的而服务的。数据安全管理主要解决数据（信息）的可用性、机密性、认证性和一致性等问题。因为信息系统中数据大多存放在数据库系统中，因此，数据安全管理主要体现在数据库系统安全管理上。

数据库系统包括数据库和数据库管理系统两部分。前者由表、记录和相关联的数据构成；后者是一个系统软件（数据库服务器），它帮助用户建立、使用和管理数据库。

安全的数据库的基本要求可以归纳为：①数据库的可用性及易用性（用户界面友好、合法用户可以便捷地访问数据）。②数据库的保密性（用户身份识别、信息保密、访问控制）。③数据库的完整性（物理数据库完整性、逻辑数据库完整性和数据库属性数据的完整性）。④数据库的可维护性（可审计、备份策略）等。主要采取的安全技术措施包括用户及其权限管理、访问控制、数据加密、日志与审计、数据备份等。

（一）用户权限管理

信息系统中数据可用性的安全目标就是“防止非法使用，方便合法使用”，完备的安全建立在系统的多重用户管理（应用系统中用户、数据库管理系统中用户、操作系统中用户等）之上，应用系统中的用户及其权限，最终要映射为数据库管理系统中的用户及其权限。数据库管理系统中的操作权限可分为两类：数据库模式修改（数据库管理）权限和数据操作权限。

数据库模式修改权限如下。

索引权限：允许用户创建、删除索引。

资源权限：允许用户创建新的关系。

修改权限：允许用户在关系中增加或删除属性。

撤销权限：允许用户撤销关系。

数据操作权限如下。

读取权限：允许用户读取数据。

插入权限：允许用户插入数据。

修改权限：允许用户修改数据，但不能删除。

删除权限：允许用户删除数据。

数据库管理员为每个使用数据库的用户建立用户标识——用户名及初始口令，并根据“最小特权管理”的原则，分配相应的权限。例如，在 SQL2 中把存取权限分为如下几个方面。

SELECT：允许用户对关系或视图执行查询操作。

INSERT：允许用户对关系或视图执行插入操作。

UPDATE：允许用户对关系或视图执行修改操作。

DELETE：允许用户对关系或视图执行删除操作。

REFERENCE：允许用户定义新关系时，引用其他关系的主键为外键。

USAGE：允许用户使用已定义的域。

（二）访问控制

建立相应的安全访问控制机制（如登录程序），识别用户身份（用户输入与系统用户标识进行比对），实现数据库（数据、视图等）可用性的安全目标。

（三）数据加密

数据库的一大特点就是数据可以共享，但数据共享必然带来数据安全性间题，尽管可以通过访问控制减少风险，但是对于极端重要和私密的数据来说（用户口令及应用意义巨大且机密要求极高的数据，如银行卡用户标识、个人隐私等），必须实行更加严密的安全措施——数据加密。数据加密本质上是一种数据变换，将数据变为不可识别（不可读）的内容，一般人不可利用，只有掌握变换规律（变换参数——密钥）才能还原利用（可读）。这样，数据加密使重要的数据唯有掌握密钥的人（合法用户）可用，从而达到安全保密的作用。研究数据加密和解密的学问称为密码学。它是信息安全技术的基础。许多访问控制技术（口令信息的加密、文件访问控制）、通信网络信道加密（如 VPN 等）、真实性认证等都用到了加密技术。事实上，数据库中用户口令管理也用到数据加密，即便最大权限的数据库管理员也无法获得用户自己更改的口令（只能删除），从而减少了非法冒用的可能。

（四）日志与备份

尽管数据库管理系统提供了上述严格的安全措施，但依然可能存在各种各样的故障（如灾害）和攻击（如恶意程序攻击等），数据库难免遭受破坏。此时，掌握数据库破坏发生情况（时间、内容等），采取最大限度的恢复措施，使数据损失最小，就显得非常重要。这涉及日志和备份技术。

数据库的日志文件用来记录数据库每一次更新活动，它是数据库管理系统的一个重要组成部分，对数据库系统的审计和事后安全管理起着重要的作用。数据库管理系统通过把事务的开始、结束以及对数据库的操作行为等，以记录的形式写在日志文件中。日志文件反映了数据库变化（包括破坏）的记录，对其进行分析，可以帮助人们建立合适的管理策略。其中，最重要的安全措施之一就是数据备份。备份是某一时刻数据库状态的复制品，即通过一定的技术手段把数据库转存到适当的介质上。备份可分为完全备份和增量备份，前者是指复制全部的数据库；后者只转储了上次备份后产生变化的数据。根据备份存放地点不同，备份也可分为本地备份和异地备份。人们可以根据安全等级和实际情况，确定相应的备份策略，进而利用日志和备份对破坏的数据库进行恢复或修复。

值得指出的是，除了上述数据库系统的安全管理技术措施外，信息系统的数据安全还体现在数据真实性认证方面，特别是对电子商务这样多用户实体的信息系统来说，数据源认证（抗抵赖）是非常重要的。现在，解决这个问题的主要技术是数字签名。

第三节 高校网络信息安全管理策略

无论采用哪种方式，组织的战略规划都需要对组织内外的信息进行收集和分析。快速、准确、高效地获取和分析信息，进而获取有价值的信息，这对组织至关重要。高校信息化建设是一项复杂的系统工程。系统各要素相互联系、相互制约，影响着高校信息化水平。为了实现建设目标，必须从系统论的观点出发，树立科学的信息理念，创新信息化管理体制，实施人才战略，建设共享信息资源与应用系统以及建立信息化评价机制。本章将结合国内外高校信息化建设实践，探索高校信息化建设的整体推进，构建信息系统应对策略。

一、树立科学的高校信息化理念

构建科学的高校信息化体系的首要任务是树立科学的信息化理念。只有树立科学的高等教育现代化理念，创新体制机制才能保证教育现代化。在高校信息化建设过程中，影响和决定高校对信息化建设的认识深度、重视程度和投入力度的关键因素就是信息化理念问题，也就是信息化的价值取向问题。多数高校对信息化建设的内涵、本质和发展规律把握不准、认识不透，甚至认识错误，这些都是导致当前我国高校在信息化建设过程中存在诸多问题的原因。提高高校信息化的决策者、管理者、建设者、应用者在信息化方面的理念和意识，才能保证信息化建设的成效。一般而言，科学的信息化理念包括以下几个主要方面的内涵。

（一）战略理念

世界各国都把教育信息化纳入国家层面的重要战略地位，予以高度重视。我国为加快教育信息化基础设施、信息资源建设和人才培养，全面提高现代信息技术在教育系统的应用水平，也提出了“教育信息化建设工程”，真正把教育信息化作为一项重要战略任务来抓，并相继颁布了一系列规划、文件。在教育信息化建设中，高校信息化建设起到了龙头地位和先导作用。高校信息化是国家教育信息化的重要组成部分，高校信息化建设不能只是短期的现象和热潮，而应作为一项长期的战略任务来抓。因此，作为高校的领导层必须站在国家教育信息化的高度，从战略高度来思考、规划和推进高校信息化建设，把其作为“一把手工程”来抓，按照“统筹规划、分步实施”的原则，努力建构高校信息化体系，促进信息化的可持续发展。

（二）服务理念

高校信息化是为学校教学科研、日常管理等提供支持的现代化手段和工具。信息化建设只是一种“手段”，而不是最终“目的”。信息化归根结底就是为提高学校教育教学质量、科研水平、管理效率以及整体办学实力服务的。高校在信息化规划和建设中，应始终秉承和贯彻“以学生为中心”的理念，一切构想和设计都应以提高人才培养质量为出发点和落脚点。在人才培养过程中，应运用信息化的技术和手段推进教学、科研和管理水平的创新，更好地为人才培养服务。在信息化建设过程中，应当始终树立“以学生为中心”的服务意识，一切信息系统的应用都要围绕培养人才的需求来设计。根据建构主义理论，高校信息化应着力为学生的学习提供信息化手段、创设信息化情境、创造信息化条件，充分运用现代教育信息技术手段来帮助学生完成“意义建构”，达到培养高素质人才的根本目的。在进行信息化设计和建设过程中，应避免出现三个“中心问题”，即以上级领导的态度为中心、以部门职能为中心、以信息技术为中心，还应着重避免“重设施轻应用”“重内网轻外网”“重提高管理工作效率轻改善教学服务质量”等“轻重失衡”的问题。所以说，高校必须以改善学生的教育教学条件，提高人才培养质量为着眼点，以服务为进为理念，只有这样才能使信息化建设真正发挥作用。

（三）科学管理理念

高校信息化建设中技术并不是关键因素，而科学的组织与管理才是重中之重。信息化的成功“七分靠管理，三分凭技术”。成功的高校信息化建设经验也证明了这一点，信息化的建设并非易事，成功的案例往往都注重组织与管理，而非技术。要成功构建高校信息化必须具备以下四个方面：①信息化体系建构必须在校级高层领导的持续推动下完成；②应对信息化建设的主管部门和领导的权威性，赋予其相应的决定权力；③要重视信息化建设团队人员（决策层、管理层、建设层）结构的合理性，注意技术专家、业务专家和管理专家的合理比例；④制定和完善信息化的相关制度，以促进信息化管理的规范化、科学化。

（四）应用理念

在我国高校信息化建设中普遍存在“重硬轻软”的现象，信息化建设的核心是策略应用，一定要树立以应用为中心的理念。多数高校在信息化建设和配置上盲目追求先进，认为只要购买了大量的、先进的信息化硬件设备，才真正拥有了信息化。因此，带来了信息化建设硬件与软件投入的严重失衡，最终出现了资金投入大而实际使用效果小的问题。在高达数百万、上千万的信息化建设项目规划中，软件应用项目仅仅是些宏观、概念方面的东西，软件的投资比例很小，与实际应用开发相去甚远。据有关资料显示，软、硬件投入比例在 7 ∶ 3 左右为比较理想的投入配比，而目前高校普遍软、硬件投入比例常常为 1 ∶ 9 左右，与理想的投入比例相差甚远。当然，高校的资金投入也要在政府的控制下来完成，因此政府信息化的投入也会直接影响高校的信息化投入。因此，高校在信息建设中，应着力加强信息化应用，把提高师生员工应用信息的能力摆在突出位置，真正提高信息技术设备的使用效益。

（五）共享理念

高校信息化建设的灵魂是信息资源与数据共享。实现信息资源最大程度的共享才是信息化建设的本质，基础数据的共享才是信息共享的核心。当前，大部分高校信息化建设是“自下而上”而非“自上而下”。“自下而上”即在信息化建设中是由各部门、各院系提出需求，各自构建自己的信息系统，这种“自下而上”的构建方式缺乏顶层设计，最终形成了一个个“信息孤岛”。从技术角度来看，这种“各自为政”的信息资源与系统很难实现兼容，更无法达到真正的数据共享。要保证信息资源和数据共享，必须建立一套信息资源共享机制，信息资源共享机制至少包括技术、政策、资金、管理四个层次。

1. 技术层次

共享的基本前提，由一系列信息资源与数据的技术标准构成。

2. 政策层次

为共享提供制度上的保证。

3. 资金层次

是按照“谁开发谁受益”的原则建立的协调信息共享供需双方利益的市场机制。

4. 管理层次

主要通过行政和人为干预与调节，来增进信息共享的行政机制。其中，管理层次在技术、政策、资金三个层次的制约下发挥作用，技术、政策、资金是基础性和主导性的，但管理层次是技术、政策、资金层次和谐运转的保证机制。

（六）以人为本理念

高校信息化建设最终是由人来决定的，从信息化的决策和规划、信息化的建设、信息化的应用都需要人来实现，最终信息化建设的目的也是服务于人。信息化建设过程中人的素质、观念非常重要，人是信息化建设中最本质、最活跃的因素。因此，只有把人的主观能动性调动起来，提高对高校信息化的认识，把充分调动人的主动性、积极性和创造性作为出发点、着眼点和落脚点，把高校决策层、管理层、建设层、应用层人员的潜能最大限度地挖掘出来，才能保证信息化建设顺利完成。

二、创新高校信息化管理体制

信息化发展的基石是创新，只有不断创新，才能实现高校信息化的可持续发展。从技术层面来说，高校信息化是现代计算机网络、信息技术的应用，但从管理层面来说，它就是运用先进的技术来创新、重构现有管理体制。实际上高校信息化体系建构不能理解为在现有体制上的计算机化，高校信息化体系的建构是要按照现代大学管理理念，对学校教学、科研以及管理等教育资源和各个环节进行重组、优化，设计更加科学、合理的信息流程，对各个环节重新进行科学定位，在网络环境下保证信息资源能够及时、准确、高效地传输和利用，以更好地满足教学、科研及管理的需要。推进高校信息化体系构建，应从以下几个方面进行。

（一）实施“一把手工程”

实施“一把手工程”从本质上来说就是得到学校主要领导的高度重视。只有学校主要领导关心、关注信息化建设工作，才会从机构、人员、资金等方面对信息化予以支持。只有切实加强对信息化工作的领导和管理，信息化工作才能建立起统一、高效、灵敏、协调的信息化管理机制，才能保证信息化工作按质、按量、顺利地开展。“一把手”的主要任务包括。

1. 成立机构

负责组建高校信息化工作领导管理机构；

2. 编制规划

制定高校信息化工作发展规划和年度工作计划；

3. 保证资金

编制高校信息化建设所需的资金预算；

4. 组织协调

对信息化建设过程中所遇到的体制、机构、人员、资金等方面的问题进行协调和解决，保证信息化建设工作顺利进行。

（二）建立高效的信息化建设组织体制

引入企业的 CIO(首席信息执行官)体制，在“一把手”的直接领导下设置 CIO 职位，成立信息化工作领导小组。由 CIO 对学校信息化体系建设进行分析、规划、实施，并制定学校信息化体系建设和发展的政策、标准，对全校信息资源进行管理和控制。CIO 从管理角度对信息资源进行充分挖掘和利用，科学、合理地选择和运用现代信息技术，促进学校管理体制的创新和变革，对教学、科研、管理各环节进行调整和重组，以提高学校的管理决策水平。

成立和完善学校信息化领导小组(委员会)的组织体制，如清华大学成立的校园信息化领导小组、中南大学的信息化建设委员会等。领导小组(委员会)负责信息资源管理，对信息化建设工作进行决策、指导和监督。领导小组(委员会)下设信息化建设办公室，它是领导小组的全权授权委托机构，负责具体管理、规划、组织、实施学校信息化建设工作。

（三）制定和落实信息化的政策与管理制度

科学、合理的信息化政策和制度是构建高校信息化体系的保证。在制定相关政策和制度时，首先要坚持“自上而下、统筹规划”的原则，要从学校顶层和全局出发，系统地制定和实施信息化发展规划。信息化政策主要包括信息基础设施建设、信息技术的应用、信息资源的开发、信息系统的运行和维护、信息人才的培养、信息化规章制度的建设等，同时要合理设计信息化建设的先后顺序，保证信息化建设的资金。其次要建立健全信息化运行、管理、维护的相关规章制度，只有这样才能使学校信息化建设规范化和科学化，保证建设工作顺利推进。要特别重视网络舆情的监管，要教育、管理和引导师生员工遵守网络道德，自觉规范网上言行，增强师生员工对假丑恶的辨别能力，以符合法律规定和社会公德的要求。同时还要注意对各类政治信息进行严格审查。

（四）实施高校信息化人才方略

信息化建设最终还是要依靠人来完成的，从规范、组织、实施到运行、维护，各个环节都离不开人。因此，在信息化建设过程中，信息化人才的培养是重要的内容，更是高校信息化体系构建目标得以实现的根本保证，必须把实施信息化人才方略作为推进高校信息化体系建构的一项重要策略。

1. 加强信息化人才培养

从大的信息化人才培养方面来说，在实施社会信息化的过程中，高校承担着培养信息化人才和提高全民族素质的重要任务。提高全民信息化素质和意识、扩大对信息化专业人才培养的规模、建设高质量的信息化教师队伍是当前培养信息化人才的三个重要方面。

在经济全球化的背景下，随着国家经济的不断提升与社会、科技的不断进步和发展，社会各行各业对信息化人才的需求与日俱增。从高等教育来说，应该从以下几个方面来进一步加大信息化人才的培养力度：一是通过引进国内外先进的人才培养模式来实施信息技术专门人才培养工程，为各级各类国际培养通用的专门人才；二是扩大信息技术课程的普及面，提升全员信息技术素质，使学生全面掌握信息技能；三是加强课外的信息化教育和技能培训工作，如远程教育平台、多种形式的信息化继续教育和技能培训。

2. 加强信息化人才队伍的培训

高校信息化建设的主要支撑和根本保证是信息化人才队伍建设。“以人为本”的思想必须贯穿高校信息化体系建设的始终，因此，应该加大信息化人才队伍培训的力度，主要包括以下几个方面：①全员培训，通过广泛的全员培训来树立信息化思想，增强信息化意识，提高信息化素养。②加快专业人才培训，通过多种有效途径，培养一批具有责任强、技术硬、适应广的信息化技术维护人员队伍。这支专业队伍能够及时处理各种计算机设备、网络设备、应用软件等问题，以保证信息化基础设施的正常运行。③加强信息化技术的师资培养，以提高信息化教学质量和水平。④加强各级各类管理人员的培训，要使这些人善于利用和熟练掌握各种计算机信息设备来处理日常管理工作，提高工作效率和学校信息化整体水平。⑤注重信息化理论研究队伍的建设。高校信息化是新生事物，相关的理论研究也比较少，因此，亟待建设一支理论扎实、经验丰富的理论研究队伍，来对高校信息化建设中的新发展、新理论、新问题等进行探索、总结和研究，为高校信息化建设提供理论基础。

三、建设学习型校园

现代信息手段的应用必将对传统的教学、科研、管理等方面的工作流程和机制造成一定的冲击，会有一些人出现抵触和畏惧情绪。一方面，为了保证信息化的有效实施，高校应倡导和努力建设学习型校园，让使用者通过尽快学习掌握信息技术手段，提高工作效率；另一方面，信息化技术的不断发展，高校信息化不断变革，也对信息化人才队伍的素质提出了更高的要求，要求他们必须不断接受、学习新的理论知识，更新知识存量。要构建和谐的学习型校园还必须创建有利于师生员工继续教育的激励机制，引导、鼓励他们自觉学习，熟悉掌握信息技术和工具，转变思想观念，在日常的教学、科研中善于使用信息技术、工具，形成一种信息技术、工具融入教学、科研和管理的文化氛围。

四、建设共享型信息资源库和应用系统

如果说信息化基础设施建设是高速公路，那么信息资源和应用系统就是一条高速公路上的货物和车辆。高速公路建设得再好，如果没有来往的货物和车辆，都将失去实际意义。信息化基础设施建设完成后，就需要进行信息资源的开发和应用系统的建设，信息资源和应用系统的构建才是整个信息化的落脚点。

（一）加强教育电子台账建设，建好校园基础数据库

教育电子台账是高校为了加强信息化建设的管理，而详尽地对高校信息标准化而设置的一种辅助账簿。建立电子台账是教育管理现代化和科学决策的需要。

教育电子台账建立的前提是信息标准化。运用现代教育统计理论和现代信息网络技术等手段，建立教育基础数据台账表格和基础数据采集系统。建立教育电子台账可以更好地发挥信息资源对教育管理决策的支持作用，提高教育统计工作质量和效率。教育电子台账具体包括师资数据库、教务数据库、学生数据库、资产数据库、财务数据库、房产数据库、科研数据库等数据库以及配套的统计与应用系统。

（二）建设电子政务平台

建设电子政务平台是为了实现高校办公自动化，实现无纸化办公、公共服务电子化，为科学化管理决策提供支持。电子政务平台可以实现对高校组织结构和工作流程的优化重组，打破时间、空间的限制，为日常管理工作提供优质、规范、透明的管理与服务。近年来，教育部也在全国推广应用“教育行政办公系统”，该系统包括三个部分：信息发布（网站）管理系统、办公与信息交换系统、数据管理系统。教育行政办公系统的建设和使用有效地推动了教育政务信息化的进程。

（三）完善管理信息系统，提升信息化应用水平

近看来，高校信息化建设取得了阶段性的成果，大部分高校都已经建设了一定数量的管理信息系统，如校园网站（信息发布系统）、图书管理系统、教务管理系统、资产管理系统、财务管理系统及各种检索系统等，而在实际运行过程中却普遍存在信息无法共享、集成度不高的问题。科学的信息化建设标准要求，要充分利用已有的信息系统和资源，对现在系统进行重新设计和开发，必须采用国际上最先进且成熟的网络技术和数据库技术，而不是对原有系统进行简单的集成。在重构管理信息过程中主要面临两方面问题：一是为了节省资金、提高效率应对现有系统和信息资源进行优化；二是要坚持“以需求为导向，以应用促发展”的原则，科学分析新开发的管理信息系统。

在优化管理信息系统过程中，要注意“三并”问题：一是建用并重。既要注重建设，又要注

重在实际工作中把系统用好。二是适时并轨。在实际工作中，在利用信息管理系统进行无纸化办公、数据传输的同时，许多高校仍然还沿用纸质发送文件，就导致信息手段成了辅助，这对信息化建设和运行非常不利。应该适时从“电子＋纸质”的双轨制变成纯电子的单轨制。三是新老并用。信息化现代手段要采用，好的传统手段也不能全部丢弃。比如很多高校设立领导意见信箱，通过网络方式听取师生的意见，实现为学校发展群策群力，但传统的电话、书信等方式也应该保留。

（四）加强学校信息网站建设，推进信息资源的共享利用

高校信息网站建设主要内容是建立“一站式”政务与信息服务平台，推行校务公开，满足校内师生和校外公众对学校信息服务的需求。目前，国内高校都已建立了校园网站，随着信息化的深入，各高校校园网站的信息、功能、服务项目比以前有了很大的发展。但通过调查发现，高校校园网站普遍存在“重管理，偏教学”的问题。因此，高校应积极优化和整合校园教学、科研、管理等应用系统和信息资源，为师生员工通过“一站式”信息网站开展教学、学习和科研等创造更好的条件。在这方面，中南大学的校园信息港建设为我们提供了有益的借鉴。该校校园信息港以办公自动化系统和综合查询系统为核心，以校内各部门信息系统为基础，通过对全校的信息进行集中管理与实时查询，从而实现学校对人、财、物等各种资源的有效利用和合理配置。

五、开展信息化评价与考核

高校信息化体系构建与完善是一个循序渐进、不断优化的漫长过程，必须建立一套科学的信息化评价与考核指标体系，来保证信息化实施过程的顺利进行。通过对信息化实施过程进行评价与考核，得出结论，根据结果找出不足、薄弱、偏差的环节，为下一步建设提供科学依据。通过“以评促建，以评促改”使信息化建设工作健康、持续发展。

（一）高校信息化评价指标体系建立的基本原则

高校信息化评价指标体系的建立应遵循以下基本原则。

1. 科学性原则

评价指标体系要具有高度的代表性、标准性、综合性，体现科学性原则，还应真实、客观地反映出高校信息化工作的实际情况。

2. 系统性原则

由于高校信息化体系构建本身就是一个系统工程，对应的评价体系建设也应体现完整性和层次性。

3. 适用性原则

高校信息化是社会信息化的一个重要组成部分，其指标体系要以国家信息化指标体系为依据，还要体现出高校信息化行业特点和高校实际情况，指标体系要突出代表性更要适用于高校特点。

4. 可操作性原则

评价和考核指标体系应全面、完整地反映高校信息化整体情况，各个指标简明、清晰，含义清楚、简便实用，要便于收集、汇总和整理。

5. 拓展性原则

高校信息化建设是新兴事物，理论与实践都非常欠缺，而且信息化技术日新月异，因此，评价和考核指标体系的设计在时间上注重延续性，内容上要具有拓展性，以不断适应新发展。

（二）高校信息化评价指标体系的内容

高校信息化评价和考核主要由高校自己组织实施，其评价和考核标准以教育主管部门或其他社会中介组织制定的指标体系为参考，更重要的是要体现针对性和可操作性。

（三）加强信息化评价与考核

高校信息化评价与考核为高校信息化的建设提供了一套有效地激励及约束机制，确定信息化评价与考核的组织单位是进行信息化评价与考核的基础。首先，成立学校信息化专家考评小组，由考评小组具体实施；其次，必须制定评价与考核工作的相关规章制度，保证评价与考核工作的规范化、制度化和科学化；再次，要对评价与考核的结果高度重视，最好将信息化工作纳入学校的整体绩效评价与考核之中，作为判断各部门和部门领导、有关工作人员工作绩效的一个重要依据，并适时进行奖惩。

第四节 高校网络信息安全管理的发展

随着高校信息化进程的不断深入，高校内部各部门之间的信息资源交流进一步增强，数据信息共享需求变得非常迫切。目前许多高校现有的信息管理系统，大部分是各部门根据自身工作实际而自行建设的，因此，不同部门之间，甚至是同一部门内的不同系统数据都无法共享，从而形成了“信息孤岛”。“信息孤岛”是当前高校信息化深入推进过程中的突出问题，更是亟待解决的问题。本章将在总结国内外高校信息化建设经验的基础之上，提出构建共享型的数据中心方案来解决校园“信息孤岛”问题，以期通过统一规划、建立标准、实施同步策略、建设共享存储，真正实现信息共享。

一、高校信息共享研究现状

（一）现有的信息共享方式

可以把现有的信息共享方式分为两类，分别是基本信息共享和业务信息共享。基本信息共享主要是指共享于多个信息管理系统之间的相同或相似的数据，比如学生信息可以被教务管理系统、学生管理系统、一卡通系统等系统共享使用。如果某一应用系统在本系统业务中需要用到其他应用系统处理后的信息和数据，则称之为业务信息共享，比如每年学生需要进行学籍注册，注册的前提是按时缴纳当年的学费，那么反映在应用系统中就是，财务管理系统的学生缴费记录结果应该共享给教务管理系统。

在信息共享过程中，信息分布的广泛性和信息形式不统一性是共享面临的主要问题，为此国内外专家学者进行了广泛、深入的讨论和研究。如 Web Service 技术，可以通过系统间的 Web 服务接口实现信息的统一、规范的共享；高校数据整合方法 (SOA 架构)，以共享存储和存储转发为基础实现应用系统间的数据交换；为了实现校区共享、校际共享，还有人提出了建立统一、标准的信息数据编码和传输标准；许多高校通过建立共享数据中心，从数据存储层面实现信息数据共享；等等。

在业务信息共享领域，许多专家学者也提出了解决方案。如构建城际应急管理信息系统、应急信息标准化和中心城市应急指挥模式实现应急信息实时共享；通过 Web Service 封装不同应用系统的业务信息，使用 BPEL 再进行整合，实现数字化校园的业务协作等。总之，在高校信息化建设初级阶段中，由于各个信息管理系统在程序架构、数据库选择上都存在不同，导致信息无法传输和共享。目前许多高校仍然采用人工方式来实现，离真正的信息化还有很大差距。常用的信息共享解决方案，主要有以下几个方面。

第一，统一的数据存储。针对在各个应用系统中共同使用的公共信息和数据，如高校信息化中的学生学籍信息、老师业务档案信息等，使用统一规范和编码，并把这些数据集中存储到公共数据中心。当各个应用系统需要使用这些数据时，可以准确无误地从公共数据中心获取这些标准信息，做到了数据的统一性。另外，各个应用系统也不必进行分别维护这些数据，从而保证了数据的一致性，减少了数据错误和不统一的问题。

第二，Web 服务提供数据共享。通过 Web Service 接口方式共享数据，使用 Web Service 的描述文件 WSDL 来统一处理信息，这样做的好处是可以将公共数据分配到相关的系统中进行维护，既可以实现数据有效共享，又能够解决公共数据分布于不同系统导致的不一致问题，从而保证数据的唯一性。在对系统间的业务信息共享时，Web Service 也可以对这些信息进行传输和共享。

第三，教育管理信息系统互操作框架。教育部信息化标准委员推出了教育管理信息系统互操作框架 (EMIF)，有效地解决了教育管理系统之间信息共享、交换、互操作的问题。EMIF 由区域集成服务器和多个应用程序及其代理组成，区域集成服务器和应用程序及其代理都使用 XML 格式进行数据交换和互操作。

以上几种针对高校信息化建设中数据和信息共享的方法，虽然解决了数据和信息共享的问题，但也或多或少存在着一定的问题或限制。在使用统一的数据存储方法后，各应用系统的数据库将不再使用，现有应用系统通过什么方法来访问公共存储数据、公共的数据管理由谁负责进行维护等问题都需要考虑和解决。利用 Web Service 接口方式共享数据方法，固然也可以解决共享数据问题和业务共享系统互操作，但在实现过程中需要对原有应用系统做大量的修改工作，实现周期较长，这种方法比较适合新建或重建信息系统时所使用；在 EMIF 的标准规范下可以实现对教育信息的共享和互操作，但 EMIF 仅适用于在新建或重建校园信息系统使用，它无法解决高校信息化建设中的遗留系统问题。

总之，在高校信息化建设过程中，应该逐步完善，对遇到的问题科学分析，从历史与当前综合考虑，虽然在以前的建设中存在一定的问题，但也不能全盘否定。高校信息化建设中的核心问题是数据和信息共享，这一问题的解决应在借鉴各高校信息化建设的经验基础上，结合各自学校的实际情况和特点，设计一种切实可行的信息共享解决方案。比如为了保证学校各方面工作的正常开展，在对各应用系统调整时应尽量少做改动甚至是不做改动。在考虑数据和信息共享方案时，应从整体上对校园网络信息进行规划，需要共享的数据应从核心部门获得，再对其进行编码、规范，然后将这些数据存储在共享数据中心，通过设计、数据同步策略实现各个应用系统的私有数据库与共享数据中心进行同步，保证数据的有效性。公共数据只有一个数据源，这个数据源只能由数据来源部门进行日常维护，以保证数据的唯一性和准确性。如高校学生的学籍信息源为教务管理系统，那么教务管理系统就负责维护学籍信息，共享数据中心负责学校教务管理系统中的学籍信息和共享数据中心的学籍信息实时更新和同步，这样既解决了谁负责维护和管理的问题，又保证了数据的唯一性。再比如，以共享数据中心的一卡通人员信息为身份库，建立统一身份认证平台，实现统一身份认证，实现单点登录和登出，使用户可以在各应用系统间自由切换。在共享数据中心和统一认证平台的基础上，设计和实现跨部门、跨业务的新应用，这些应用可以满足跨部门的数据和业务共享，免去之前的人工参与，为学业和教职工的工作和生活带来更大的便利，并且避免了由于人工参与而导致的错误，极大地提高各部门的工作效率。本章将在这一理念基础上，讨论实现共享数据中心的策略和方法。

二、高校数据中心建设

（一）高校数据中心

早期，大部分高校各部门的应用服务器运行管理都是遵循“谁使用谁负责”的原则，为保障服务器的正常运行，各部门购买各自的相关设备(UPS不间断电源、网络交换机、空调等)，这种管理模式造成了投资大、资源利用低、管理成本高等问题。随着各种应用系统不断建设，为了解决上述问题，各高校成立了校园数据中心或网络中心，成立专门部门，安排专门人员对校园网络、各个应用系统、服务进行统一管理，降低了整个校园网的投入，由专业人员进行网络、服务器、应用系统的管理和维护，大大提高了各个系统运行的安全性和稳定性，有效提高了管理水平与效率，节省了人力资源。

高校数据(网络)中心在网络化建设管理中起到了非常大的作用。随着高校数字化建设的推进，数据(网络)中心建设中也凸显出许多问题。

一是，大量服务器管理和维护困难。全校大量应用系统服务器由数据(网络)中心负责运行，而这些服务器在建设之初都是各自独立的，其建设规范、系统运行环境大相径庭，如操作系统、程序架构、数据库等。同样都是基于B/S架构的应用程序所使用的脚本语言有Java、C#、PHP等，使用的数据可能是SQL Server，Oracle，MySQL等，操作系统可能是Windows Server、Linux、Unix等。多个应用系统的数据库和应用程序都部署在同一台服务器，同一台服务器部署多套应用系统，导致了同一台服务器上的不同应用系统所需要的运行环境也不同，有的采用IIS，有的采用Tomcat，致使服务环境、应用、数据变得非常复杂，系统之间也会相互影响。

二是，服务器资源利用率低。在高校实际管理工作中，一些应用系统使用率非常低，但这些系统仍然需要部署在服务器中，且长期占用服务器资源。同样也要保障这些服务器的运行稳定，也要配套散热装备等，造成了资金的浪费，同时增加了能源的支出。

三是，服务器安全问题。虽然校园网有防火墙，服务处于防火墙的保护中，但由于系统漏洞等原因感染病毒，同时被黑客攻击的现象也时有发生，像普遍使用的 Windows 操作就很容易被病毒攻击，导致系统数据丢失、系统崩溃。

四是，系统与数据备份难度大。服务器操作系统的差异和应用系统的多样性，给程序或数据的备份带来了极大的问题。比如同一台服务器由于运行了多个应用系统，就要对这些应用系统分别进行备份。由于多个系统同时在一台服务器运行，如果一个应用系统出现问题可能会导致这台服务器的所有应用系统都无法正常使用。当操作系统出现问题时，也很难对应用系统进行恢复。

应对上述问题时，虚拟化技术是一个很好的选择。虚拟化技术具备很多优点，可以解决上述问题。虚拟技术能够将单一物理资源划分为多份虚拟资源，具有安全隔离、可靠性高和配置简单灵活等特点，当前很多高校都开始在数据（网络）中心使用这种技术。

（二）虚拟化技术

虚拟化指的是把计算机资源（包括计算机硬件、数据存储、操作系统、网络、应用程序以及屏幕显示等）抽象或者分离出来。将多个分散的资源整合起来表示成一个抽象的概念。抽象具有使系统简化的优点，如磁盘阵列和计算机集群。分离是将一个资源分割成多个，降低资源之间的耦合性，它的本质就是解耦。虚拟化技术能够在一台服务器上运行多个操作系统和应用服务，同时使多个系统之间相互隔离和扩展。本节主要关注服务器的虚拟化技术。

1. 服务器虚拟化技术

服务器虚拟化技术分为软件虚拟化技术和硬件虚拟化技术。软件虚拟化技术包括完全虚拟化、准虚拟化和操作系统层虚拟化。虚拟机监控层所处位置、功能与实现方式的不同是这三种虚拟化方式的主要差别。硬件虚拟化主要是指 CPU 的虚拟化技术。

(1) 完全虚拟化

完全虚拟化技术常用的产品有微软公司的 VirtuaL Server, EMC 公司的 VMware 等, 它是在宿主机 (Host) 物理服务器上安装虚拟机管理软件 (VMM), 在虚拟机管理软件上安装虚拟机, 在虚拟机中安装客户操作系统, 如 Windows, Linux, Unix 等。宿主机与虚拟机之间以虚拟机管理软件为桥梁, 宿主机的硬件资源通过虚拟机管理软件共享给虚拟机。完全虚拟化可以实现 BIOS 级的虚拟化, 即可以在一个宿主机上安装和运行多个不同客户操作系统的虚拟机, 但虚拟机管理软件中间层代码转换时会占用宿主机的资源, 带来一定的开销, 这是完全虚拟化的主要缺点。

(2) 准虚拟化

准虚拟化也叫部分虚拟化。它与完全虚拟化这种处理器密集型技术不同，虚拟机管理软件需要管理多个不同的虚拟服务器以使它们分别独立工作，准虚拟化技术通过修改客户端操作系统的内核，提升虚拟机性能，使其性能几乎和没有经过虚拟化处理的服务器相当。准虚拟化技术具有性能高的优点。准虚拟化技术代表是剑桥大学的 Xen 开源项目，其目标是在计算机上扩展多个为工业化应用程序和服务提供运行支撑的虚拟机实例，Xen 可以运行于 Linux 等开源操作系统上，但不能运行于 Windows 操作系统上。

(3) 操作系统层虚拟化

操作系统虚拟化技术的特点是无独立的虚拟机管理层。在安装操作系统的物理机上直接安装虚拟机，虚拟机的硬件资源分配由操作系统负责。这种所有虚拟机均运行在主机操作系统上的安排方式，对虚拟化的灵活性造成了制约。操作系统层虚拟化的优点是，由于其操作系统是相同的，所以管理相对简单，而且可以同时使用物理主机操作系统。

(4)CPU 层虚拟化

CPU 虚拟化技术是虚拟化技术的一种硬件方案。通过修改 CPU 指令集，使能够更好地支持虚拟技术。CPU 虚拟化的硬件技术不会自动发挥作用，必须有相对应的虚拟化软件。不过，因为这种技术的优点非常诱人，预计各种类型的虚拟化软件会源源不断地开发出来。

2. 虚拟化技术的优点

虚拟化技术具有提高数据中心服务器的资源利用率、实现灵活的系统部署和虚拟机配置、降低管理复杂性、提高安全性等优点，对于目前高校数据(网络)中心面临的实际问题很有成效。

(1) 管理难度降低

虚拟化技术可以通过多种、灵活的方式来快捷地部署虚拟机，而且对虚拟机的配置可以方便、灵活地进行调整和更改。如通过模板可以快速部署多个支持 Java 环境的虚拟机或支持 HS 的服务器。在虚拟机的管理方面，虚拟技术具有虚拟机监控、管理等功能，可以更好地对虚拟机进行管理。

(2) 合理分配服务器资源，提高利用率

虚拟化技术对于添加、移除虚拟机和修改虚拟机硬件配置等方面提供了方便的操作；同时在服务器出现负载不均衡时，还可以对虚拟机进行在线迁移操作，在保证服务性能、质量的前提下，很好地提高了服务器的资源利用率，确保服务器负载均衡。比如当一台物理机上部署的多个虚拟机中运行的应用系统访问量很少时，或者当某个虚拟机上服务出现峰值时，可以进行虚拟机在线迁移。

(3) 提高安全性

虚拟机具有高可用性 (HA)。虚拟化技术对虚拟机的管理通过文件存储机制和虚拟机监控 (VMM) 等，文件存储机制可以实现虚拟机之间的有效隔离，即多个虚拟机在同一台物理机上的相互独立，在虚拟机监控方面可以对数据和服务的访问进行控制，达到安全性要求。如当某个虚拟机崩溃时，不会影响该物理机上其他虚拟机的稳定运行。

(4) 备份、恢复管理简单

虚拟技术提供了多种虚拟机备份机制，如对虚拟机系统文件和应用数据文件进行备份，对虚拟机的某个状态进行完全备份等。这样能够实现虚拟机的快速恢复，降低其在应用或服务恢复上的难度。

（三）数据中心虚拟化

数据中心虚拟化可以提高数据中心资源利用率，使其具有更高的灵活性、更好的可扩展性。现以 VMware vSphere 为例，阐述实现数据中心虚拟化的具体过程。VMware vSphere 主要面向以小型数据中心为基础的虚拟化，它提供了两种虚拟方式，即裸机虚拟和基于操作系统的虚拟化。

VMware vSphere 的常用组件主要有：VMware ESX，VMware vCenter Server、VMware vSphere Client、VMware vSphere Web Access，VMware vSTorage VMFS，VMware VirtuaL SMP 等。其中 VMware ESX 可以在服务器上直接运行，它可以对 CPU、存储、网络资源以及内存进行抽象处理，形成多个虚拟机，VMware ESX 是一个高效、可靠的裸机虚拟化管理程序。

VMware ESX 利用 VMware vSTorage VMFS 存储虚拟机，通过 VMware vCenter Server 来进行管理，通过 VMware vSphere Client 访问。

1. 虚拟机部署

使用 VMware vStorage 提供的环境来创建虚拟机非常方便、快捷，首先在程序界面中的“主机和集群”中选择数据中心、集群或主机，在“创建新的虚拟机”向导中执行“典型”或“自定义配置”即可。然后在虚拟机中安装客户操作系统，并在客户机中安装 VMware 增强工具 (VMware Tools)，以增强虚拟显卡和硬盘性能，同步虚拟机与主机时钟的驱动程序。

用户在初次安装虚拟机时需要进行安装操作，当再需要创建和部署新的虚拟机时可以使用 VMware vStorage 提供的模板和克隆工具，使用模板和克隆技术可以大大简化虚拟机的部署过程，有效减少虚拟机的部署时间。模板是虚拟机的主副本，在对虚拟机进行克隆时原虚拟机处于开启或关闭状态均可，但将虚拟机转换为模板时，该虚拟机必须处于关闭状态。克隆虚拟机是部署虚拟机的快捷方式，克隆后可以得到原虚拟机的精确副本。在部署虚拟时应先使用模板部署虚拟机，再选择向导创建虚拟机。在 VMware vSphere 中还提供了 vCenter Guided Consolidation 工具，可以方便地将物理机转换为虚拟机，以简化数据中心。

VMware vSphere 提供了灵活、快捷地创建和部署虚拟机的方法，在数据（网络）中心可以通过 VMware vSphere 快速地创建和部署服务器，提高了服务器构建和管理的灵活性，使工作效率显著提高。

2. 虚拟机修改

在使用物理机服务器时，随着服务器上运行的应用系统越来越复杂、存储的数据越来越多，CPU、内存、硬盘等将不能满足需要，这时想要对硬件进行升级或扩容时，需要更换或增添相关硬件设备，而在升级服务器硬件设备时，必须停止服务器的运行，关闭服务器，就会导致服务中断。

使用虚拟机服务器则可以避免上述情况的发生，VMware vSphere 可以非常方便地对虚拟机服务器进行配置修改，以使虚拟服务器配置与其所提供的服务相匹配。可以通过 Properties(属性)

工具，修改虚拟机配置，添加、移除虚拟硬件，设置虚拟机选项，控制虚拟机的 CPU、内存的资源和存储空间的分配。同时，可以在保证虚拟机处于开启状态下来修改虚拟机的相关配置。通过 VMware vSphere 可以有效地按需调整虚拟机的资源设置，以虚拟机配置满足其上运行的客户机服务的资源需求，保证服务的正常运行。

3. 虚拟机快照

虚拟机快照是 VMware vSphere 提供的非常实用的工具。快照可以捕获虚拟机的完整状态，包括内在状态、设置状态和磁盘状态。使用快照可以保留虚拟机的当前状态，从而可以使虚拟机随时恢复到这一状态。如在实际工作中，经常会对某些软件进行安装、运行测试，这时可以使用虚拟机快照功能，在进行安装、测试、运行软件前对虚拟机进行快照操作。当测试完毕后，再使用快照功能将虚拟机恢复到初始状态，取消所做的修改。另外，虚拟机在启动、关闭或挂起状态时均可以“拍摄”虚拟机快照。

快照功能可以方便地使虚拟机恢复到某一需要的状态，为数据 (网络) 中心管理人员的日常管理工作带来了极大的方便。

4. 虚拟机移除

由于 VMware vSphere 虚拟机是以文件的形式存储的，因此可以非常方便地对虚拟机进行移除操作。VMware vSphere 移除虚拟机可以分为清单移除虚拟机和磁盘删除虚拟机。从清单中移除虚拟机，只是从 VMware vSphere 配置界面中虚拟机移除，但虚拟机仍然存储在磁盘中，今后可以方便地再将移除的虚拟机重新加载、使用，而从磁盘删除虚拟机文件后，会彻底、永久地将该虚拟机删除，不能恢复。

5. 虚拟机迁移

VMware vSphere 提供的虚拟机迁移功能可以将虚拟机从一台主机或一个存储位置迁移到其他主机或存储位置。虚拟机迁移类型分为冷迁移、挂起迁移、VMware vMotion，Storage vMotion 四种。冷迁移可以迁移处于关闭状态的虚拟机；将挂起的虚拟机迁移称为挂起迁移，VMware vMotion 指迁移处于开启状态的虚拟机。STorage vMotion 可以将处于开启状态的虚拟机文件迁移到其他存储中。

科学地进行虚拟机迁移具有三个优点：提高硬件利用率；保障虚拟平台的可靠与可用性；实现跨主机负载均衡。

(1) 提高硬件利用率

假设有两台物理机服务器，两台服务器分别运行着多个虚拟机，当虚拟机上运行的应用系统使用率不高或极少被使用时，这时可以将其中一台物理机的虚拟机迁移到另一台物理机，只保留一台物理机运行。这样既提高数据 (网络) 中心资源利用率，又能够降低能源消耗，起到节能的效果。

(2) 保障虚拟平台的可靠性与可用性

在实际工作中，可能会出现由于某种原因必须关闭某台物理机，而这台物理机上运行着需要不间断提供某种服务的功能，这时可以将该物理机上的虚拟机迁移到其他物理机上，再关闭该物理机，从而保证了在物理机必须关闭期间服务还能继续运行。

(3) 实现跨主机负载均衡

例如，两台物理机运行着多个虚拟机，其中一台上的某个虚拟机突然遇到访问高峰，导致了这台物理机的资源使用率瞬间很高，服务质量下降，此时另一台物理机上的虚拟机都比较空闲，资源使用率较低。这时 VMware Distributed Resource ScheduLer 可以检测到这些状态，将较忙的物理服务器上的一些虚拟机移到空闲的物理机中，实现负载均衡。此功能需配合 VMware DRS 使用。

6. 虚拟机高可用性与数据保护

VMware HA、SRM 和 vCenter Server Heartbeat 可为系统在所需时间内长时间稳定持续地提供高度可用性与数据保护解决方案。虚拟机迁移可以有效保障虚拟机在计划内停机时可以继续运行，当物理主机出现故障时，VMware HA 可以自动重新启动虚拟机，有效提高了平均恢复时间和可用性。而将 VMware HA 与 DRS 有效地结合，可以将自动故障切换和负载均衡结合起来，可在 VMware HA 将虚拟机移动到其他主机后，快速重新平衡虚拟机负载。主机故障的检测主机是通过心跳网络，主要和协助主机之间，每秒发送一次“心跳”，实时进行主机故障检测。

VMware vSphere 中的 VMware Data Recovery 和 VMware Consolidated Backup 提供了数据备份和恢复的解决方案。虚拟机进行备份时，可以将应用程序数据存储在与系统映像不同的虚拟磁盘中。再使用 VMware Consolidated Backup 或 VMware Date Recovery 对虚拟机进行完整的系统映像备份。

VMware Consolidated Backup 可以与第三方备份代理共同使用，在代理服务器上进行集中备份，而无须在每个虚拟机中安装备份代理，还可以从存储中直接读取要备份的虚拟磁盘数据，实现对所有客户操作系统进行映像级别的备份。VMware Date Recovery 也可用于备份和恢复设备，适用于虚拟机的基于磁盘的无代理备份和恢复。

三、基于共享数据中心的校园信息化解决方案

（一）总体架构

普遍存在的问题之一是信息化的各应用系统都是各部门根据自身业务需求，而独立开发和建设的，缺乏全校统一的信息化整体规范。由于各部门在信息化建设中“各自为政”，使得各信息管理系统的程序也不尽相同，信息系统的数据库、开发、运行环境也有很大差异，最终导致了资源的浪费，形成了一个个“信息孤岛”。高校信息化建设中所面临的主要问题有以下几个方面：各部门信息管理系统建设参差不齐，如教务处、人事处、财务处等部门都建立了比较完善的应用系统，但有些部门甚至没有使用任何信息管理系统；“信息孤岛”严重，各部门信息系统相互独立，各自数据信息无法兼容，各自维护自己的数据信息，各部门间信息传递仍需通过人工完成，

传输文件或表格容易导致错误；数据存储不一致，不同的信息系统的数据分别存储在多种数据库、数据文件、表格甚至文本书件中；数据编码差异较大，产生了很多冗余信息。

为解决上述问题，运用基于共享数据中心的数据共享解决方案，对公共数据进行统一规范和编码，使用共享数据中心集中存储这些数据。共享数据中心是对全校而言的统一编码的公共数据的存储中心，它是一个存储空间。在共享数据中心的基础上，构建校园一卡通人员信息统一身份认证平台，在共享数据中心和统一身份认证平台的基础上进行跨部门的系统开发，实现跨部门的业务需求。

基于共享数据中心的数据共享解决方案由基础设施层、数据层、统一身份认证层、应用系统层、表现层以及管理工具六个部分组成。

1. 基础设施层

基础设施层是校园信息化建设的硬件层，是整个校园信息化建设的基础，它处于校园信息化建设的最底层，各种应用、信息系统都是在此基础之上运行的。基础设施层包括校园网络基础设施（局域网、网络交换机等）、虚拟机、域名解析服务器、应用服务器、邮件服务器、防火墙、数据中心服务器等。

2. 数据层

数据层在整个校园信息化建设中起到支撑作用，它主要由共享数据中心、各系统的数据库和其他数据文件所构成。共享数据中心是对全校抽象出来的统一公共数据的存储中心，其形式有关系型数据库、XML 文件以及其他文件。共享数据中心是保证数据来源唯一性、稳定性、有效性和一致性的关键技术和因素，是保证上层应用数据来源的准确性的根本。共享数据中心的数据可以实现方便的共享，各部门不需要对数据进行维护，有效地减少了数据冗余的产生，真正解决了数据不一致性问题，为跨部门系统应用奠定了坚实的基础。

3. 统一身份认证层

原有的校园各应用系统在使用过程中相互独立，每个用户在不同的应用系统中拥有不同的用户名和密码，如管理教务需单独登录教务系统才能使用，想处理财务还需要单独登录财务系统才能使用。这样导致了不同的登录系统需要使用不同的用户名和密码，且编码规范不统一，烦琐且容易遗忘。

以共享数据中心为基础，对全校师生进行统一的编码，构建统一的身份认证平台。用户通过统一身份认证中心平台登录，才能使用对应权限的资源。在这里使用一卡通人员库中的学工号作为全校师生用户名的统一标识，这个编码具有唯一性和准确性。一卡通身份库中包含了人员身份字段，可以通过身份字段区分用户身份（本校教职工、本校学生、交流生、外来人员等），同时使用一卡通查询密码作为登录身份认证平台的密码以实现登录认证。由于一卡通系统具有高度可靠性、实时性和安全性，为了更好地保护用户信息的安全性和一致性，因此用户的账号和密码等身份信息就由一卡通系统进行管理。

在统一身份认证平台中，用户具有单点登录和单点登出功能，用户登录后可以方便地使用权限内的各种应用系统，灵活地在系统之间进行切换，大大提高了用户体验和使用效率。

用户登录认证成功后，使用统一身份认证的应用系统与统一身份认证中心间的再认证对用户是透明的，对于后期开发的系统可以以插件的形式嵌入原系统中，方便地实现系统集成。比如在开发了计算机等级考试报名系统后，又开发了语言等级考试报名，要实现系统报名系统集成，可以制作一个界面，提供两个报名入口，用户可以在两个系统中自由切换。

4. 应用系统层

全校业务系统的集合称为应用系统层，在应用系统层中包含各个部门所使用的独立管理系统和以共享数据中心为基础开发的跨部门的应用系统。这些系统提供各种校园事务、数据和信息的管理，提供查询、分析、决策等功能。

5. 表现层

表现层主要面对用户访问，是用户可以访问和使用的校园网资源的表现形式。表现层提供了信息访问门户，在门户中提供所有的应用系统和校园网导航，用户可以方便地访问校园网中的资源，浏览、查询以及发布信息。

表现层提供用户访问的多种方式，用户可以通过 PC、HS、PAD 或其他移动终端的不同浏览器等多种方式在信息化校园中浏览信息。通过统一身份认证平台认证后，用户可以方便地进入应用系统进行操作，同时可以灵活地在各个应用系统间切换。

6. 管理工具

管理工具实现对校园网各层资源的监控和管理，提供实时监控到的各种硬件和软件的运行状态，如发现异常后可通过管理工具对问题进行相应的操作和调整。实时监控主要面向网络状况、服务器、虚拟机等进行，以保证整个校园网正常稳定地运行。

（二）共享数据中心设计目标

数据中心的数据主要有两方面来源：一是现有各应用系统中抽象出来的公共数据；二是在公共数据基础上开发建立的新数据，如跨部门系统开发数据等。共享数据中心包含的公共数据主要有：一卡通系统数据库中的人员基本信息、消费记录等，教务管理系统中的院所、学籍、课程、成绩等信息，以及从其他系统中抽取出来的数据。除此之外，还包括在开发跨部门系统时新建的数据库，如公寓管理系统数据库、语言等级考试报名系统数据库、教务处自助打印系统数据库、一卡通消费查询分析系统、新建的消费统计分析数据库等，这些数据为其后应用系统的开发提供支持，也被作为共享数据存储。

共享数据中心的数据必须满足各种跨部门的业务需求，为全校的查询、管理和决策提供准确无误的数据，因此数据中心的设计应注重以下几方面。

一是数据编码统一。非共享数据存储在不同的应用系统中，数据编码标准不统一，会产生很多冗余的公共数据，如教务系统、人事系统、财务系统中教师信息编码不一致等。在设计共享数据时，需要对这些数据编码进行重新规范。

二是数据一致性。数据一致性就是要保证数据不被非法（权限内）篡改和破坏，共享数据中心的公共数据与各应用系统中数据应保持高度的一致性。因此，必须严格公共数据的数据来源，保证源头数据的单一性和权威性，比如教职工信息数据只能来源于人事系统，学生学籍数据、课程信息、院系班级信息、学生成绩信息只能来源于教务系统，一卡通人员信息数据和消费记录只能来源于一卡通系统。共享数据中心的数据与各应用系统数据应实时保持同步，对同步数据进行加工和清洗等处理，对源数据库中的错误信息进行清洗和提示，能对源系统数据进行规范，保证数据的正确性。在访问共享数据中心时进行严格的权限控制，比如非数据源方不允许修改共享数据、各应用系统只能维护自己的数据库，对其他应用系统数据库的访问权限应加以限制等。

三是数据可扩展性。建立共享数据中心的主要目的是实现数据共享和可扩展，同一数据能够被多个应用系统共享和使用，这就需要对数据进行科学、合理地设计。比如，人事系统中的教师信息表，除了在人事系统中使用外，还需要被财务系统、教务系统所使用；宿舍管理系统中的宿舍信息表，其中包含了智能供电系统的供电编号和与床位对应的 IP 字段，在维护宿舍信息时就能够实现与智能供电系统和校园网 CAMS 系统的数据共享。

四是数据同步准确、高效。公共数据共享的关键技术是数据同步技术，数据同步除了使共享与源数据实时保持同步，还要避免对源系统、共享数据中心和网络增加负担，使数据同步高效稳定。通过多种手段将各应用系统中的异构数据同步到共享数据中心，在数据同步过程中，使用数据清洗、转换等方法对公共数据进行统一编码规范。

五是数据安全性。共享数据主要存储校园信息的关键数据，这些数据若被非法篡改将带来整个校园信息化的灾难，因此共享数据的安全性至关重要，可以使用访问控制、加密技术和数据备份来保证数据的安全性。

（三）数据同步

共享数据来源于各应用系统（人事系统、教务系统、一卡通系统等），各应用系统负责对本系统的数据进行维护和管理，共享数据与各应用系统数据要实时进行同步，因此数据同步技术是整个共享数据中心的关键技术。

1. 数据 ETL 机制

ETL 是建立数据仓库的基础，它是对数据分布和异构的有效集成。ETL 机制是指数据的抽取、转换和加载。数据抽取是指按照目的数据系统的需求，从源数据系统中获取的过程；数据转换是指按照目的数据系统要求的形式和业务需求，对从源数据系统抽取的数据进行需求转变的过程，在转变的过程中要根据情况对数据的错误和不一致进行清洗和加工；数据加载是将按要求转换的数据装载到目的数据系统的过程。ETL 机制目前已经比较成熟，许多专家、学者提出了很多的 ETL 策略和模式，Oracle，SQL Server，DB2 等主流数据库都提供了对 ETL 机制的支持。将 ETL 机制应用于共享数据中心，可实现各应用系统中的数据与共享数据中心数据的同步。

(1) 数据抽取

数据抽取是从数据源中抽取数据的过程，有全量抽取和增量抽取两种方式。全量抽取简单但效率低，增量抽取效率高，但抽取机制相对复杂。全量抽取是将源数据库中的数据全部抽取，但对数据量庞大的数据库来说，会增加数据传输的网络流量，增加抽取和转换的时间。增量抽取对于数据量大的数据库来说是不可行的。增量抽取可以有效地避免全部抽取数据，只抽取上一次数据抽取时间点后数据库中变化的数据，增量抽取包括插入、修改和删除的数据。

增量抽取效率高、速度快，其关键在于准确地获取变化的数据。增量抽取主要包括触发器方式、时间戳方式、日志表方式、CDC 方式、全表对比方式、全表删除插入方式等。触发器方式是指在被抽取的数据表上设立触发器，当该表中产生新增、更新或删除等数据改变时触发器会记录改变数据，然后将改变的数据存储在一个临时表中，将临时表中的数据抽取完毕后，再将临时表记录删除。时间戳方式是在源数据表中建立一个时间戳字段，用于记录每一次的抽取结束时间，每次进行数据抽取时，将与时间戳字段记录的时间进行对比，只针对上次抽取时间以后的数据进行抽取。全表删除插入方式是指在抽取时先删除目的表中的全部数据，然后将抽取到的源数据表中的数据复制到目的表中。全表对比方式是指建立一个与被抽取的源数据表结构相同或相似的表，在该表中对源表的主键进行记录，在执行抽取操作时，对该表和源表的数据进行全面对比，找出变化的数据进行抽取。日志表方式是指在被抽取的源数据库中建立系统日志表，日志表会记录数据的变化，通过日志猎取变化数据进行抽取。

(2) 数据转换和加工

在对源数据库中的数据进行抽取后，这些数据一般无法满足目的数据库对数据的要求，如数据的编码标准、数据格式，同时在抽取过程中还会出现不完整或错误等异常数据，因此对抽取的数据进行转换和加工是必须的。对数据的转换和加工，主要通过 ETL 引擎或数据库函数实现。ETL 引擎提供了专门针对数据转换的组件，用户还可以根据 ETL 提供的编程接口编写数据加工的脚本。同时数据库中还提供了实现数据转换的函数，可以利用这些函数进行数据转换，但通过函数进行数据加工有一定的局限性。

(3) 数据装载

数据转换和加工后，就要将这些数据存储到目标数据库中了，数据的装载一般都是使用 SQL 语句对目的数据库中的数据进行更新，常用的 SQL 语句有 insert，update，deLete 等。为了提高装载效率，特别当装载数据量较大时，可以采用批量处理的方式，如 sqldr 等。

2.Oracle 数据库间数据同步

由于 Oracle 是当前使用最广泛的数据库，因此本章对 Oracle 数据库间的数据同步进行详细介绍。Oracle 提供了多种数据同步机制，以使数据同步非常方便。

(1) 传统方式的数据同步方法

传统的数据库同步方法是 DLL 方法。DLL 方法是以 Oracle 数据库链接为基础，在目标数据库中建立与源数据库对应的表或视图。可以采用时间戳更新、全表删除插入、全表对比更新等方式对数据进行同步。

(2)Oracle 快照

Oracle 数据库的快照是在目标数据库中建立数据表，在源数据库中对需要同步的数据表建立快照日志。日志表能够记录它所对应的表中所有的数据变化，在快照刷新时，将源数据库表中变化的数据进行相应处理后存储到目标数据库所建的表中。Oracle 与远程数据库的快照也需要建立在 DB Link 的基础上。

3.Oracle 透明网关

当使用的不是 Oracle 数据库的独立系统时，可以通过 Oracle 透明网关进行数据同步。Oracle 透明网关支持主流的数据库，如 MS SQL Server、Sybase、DB2 等。其他数据库通过 Oracle 透明网关与 Oracle 服务进行交互，透明网关服务器对于 Oracle 服务器来说就是一个 Oracle 服务器。

4. 第三方程序实现数据同步

在实现数据同步时，除可使用 Oracle 自带的数据同步机制外，还可以开发第三方的程序进行数据库间数据的同步。这样可以减少源数据库共享数据中心在对数据转换和加工时的负担。特别是针对一些学校原有系统普遍使用 SQL Server 数据库的情况，即使使用透明网关但也只能部署在 Windows 服务器上，容易导致在运行过程中的不稳定现象，因此在 SQL Server 与 Oracle 间的数据同步时，可以通过开发一些程序来实现。由第三方程序对需要同步的数据进行转换和加工后，添加到共享数据中心或其他应用系统。

5. 定时数据同步

数据的同步包括定时同步和实时同步两种方式，实时同步容易造成对数据库的频繁操作，会给数据库系统库带来很大的负担，因此没有特殊要求时最好使用定时任务进行数据同步。定时数据同步可以避免在峰值时间增加对数据的访问，有效减轻数据库的负担。例如，一卡通数据库中的师生的存款、消费数据，对这些数据进行统计和分析，可以很好地掌握校园消费状况，但这部分数据的实时性并不强，可能每天甚至几天才会查询一次，因此可以设计成定时数据同步，如数据同步时间定为每天凌晨。定时同步分 Oracle 定时任务和第三方程序定时同步两种方法。

(1)Oracle 定时任务

Oracle 提供了一种定时执行任务的功能—Oracle job，首先编写存储过程，在存储过程中进行数据同步操作，再使用 Oracle job 对进行数据同步的存储过程完成定时执行。

(2) 第三方程序定时同步

Oracle 定时任务仅适用于 Oracle 之间的数据同步，但现实中，也会出现使用非 Oracle 数据库情况，这时可以使用 Oracle 透明网关或第三方程序来实现数据同步。Oracle 透明网关已对其进行了阐述，在同步时，第三方同步程序会使用一个定时线程来设置同步时间，程序再根据同步时间进行数据同步。

在进行数据同步时，考虑到数据库的负担问题，大部分数据同步都使用定时同步，也有一些情况需要进行实时同步，如学生课程成绩数据库中的数据，教务主编在对成绩进行修改后，就需要及时与共享数据中心数据进行同步，如仅在特定时间进行定时同步，在未进行同步期间就会影响学生实时查询、打印自己的成绩。这种情形下，在进行数据同步设计时就要考虑使用触发器同步，或者为教师客户端提供手动同步功能，教师客户端在修改学生成绩后，可以及时通过手动同步功能进行数据同步。

（四）数据安全

共享数据中心的数据是整个校园信息化的核心数据，其安全性问题非常重要。数据安全主要包括数据本身的安全和数据防护的安全。数据本身的安全主要是通过对数据进行加密处理，保证数据在存储和传输过程中的安全性。数据防护的安全是通过存储技术对数据进行备份，使数据可以恢复到完整和正确的状态。

数据安全的三要素：机密性、完整性和可用性。机密性是指数据不被未授权者获得或获得后无法使用；完整性是指数据在存储或传输时，数据不会被未授权者恶意修改；可用性是指数据能够符合使用者的要求。

下面阐述通过使用访问控制、加密技术、数据备份三种方法来保证基于共享数据中心的校园信息化解决方案的数据安全的过程。

1. 访问控制

访问控制是指为不同用户设定对不同数据或资源的访问和操作权限，使用户只能对自己权限范围内的数据或资源进行访问和操作，禁止非法用户访问数据和操作资源，禁止合法用户对自己权限外的数据或资源进行访问和操作。防火墙、身份认证、用户角色划分是访问控制的主要方面。

一是使用防火墙限制 IP 访问。设置访问共享数据中心数据库服务 IP 限制，各个应用服务器在访问共享数据中心数据库服务器时，其 IP 地址必须为已注册的合法 IP，当没有注册的 IP 访问数据中心数据库服务器时，将遭到拒绝。防火墙在很大程度上保障了数据库服务器的安全。

二是身份认证访问。身份认证是确定访问者是否为合法用户，用户身份认证采用登录账号和密码、校园一卡通、指纹等方式来鉴别访问者的身份。用户身份认证成功后，只能访问和操作该用户权限范围内的资源。

三是各应用系统需要对用户角色和权限进行控制。数据库用户对数据库的访问和操作必须建立详细的授权划分。共享数据中心数据库中的数据，源于各应用系统数据库，要保证这些公共数据的数据安全，保证公共数据和源数据的一致性、完整性以及可用性，因此公共数据不允许被修改和删除，所有用户对其只有查询权限。对于不同的用户详细设置其角色和权限，为用户对每一个表或视图的查询、修改、删除以及其他操作分配权限，以保证数据操作的正确性，以及数据库中数据的安全性。

2. 加密技术

加密技术是指将数据或信息通过加密算法转变成无法识别的密文，被加密后的信息或数据变成密文后在再进行传输或存储将变得安全，经过加密后的数据或信息密文即使被非法获取，获取者也无法将其转换成明文信息。因此，加密技术可以有效保护信息的安全性。

共享数据中心中需要加密的数据主要包括敏感数据和需要保密的数据，比如统一身份认证平台的师生登录密码，登录密码需要以密文形式进行存储。同时为了防止密码在用户计算机与服务器通信过程中泄露，身份认证平台应使用 HTTPS 访问方式，用户数据在传输过程中进行加密。HTTPS 较 HTTP 更安全。另外，统一认证平台在用户登录成功后，在与基于统一身份认证平台的系统通信时也使用 HTTPS 方式，这样可以很好地保护用户信息的安全。

3. 数据备份

除了数据或资源在访问、传输、存储过程中应考虑安全性问题外，其他外在因素等也有很多，比如人为操作不当、失误导致的数据或信息错误和丢失，设备运行异常损耗，存储介质故障，运行环境不稳定，电源故障导致系统非正常关闭，磁性物质造成的数据损坏，自然灾害等不可抗因素，等等。为了保证数据或资源出现意外的错误或丢失后，可以恢复到未出错前的正确状态，共享数据中心还应采用磁盘阵列、双机容错、数据库数据备份等措施来确保数据的安全。

(1) 磁盘阵列

在共享数据中心采用 RAID 存储解决方案是比较常见的做法。RAID 具有存储性能高、存储空间的利用率高、成本低等特点，这是 RAID 被广泛使用的原因。例如某校数据中心硬盘阵列使用四块磁盘，这样可以保证在一块磁盘崩溃后的数据安全。

(2) 双机容错

双机容错就是对提供关键服务的应用服务器提供双机热备，当其中一台服务器关机时，另外一台服务器还能继续提供服务，以保证始终不间断地提供服务。

(3) 数据备份

为了保障因意外导致的数据库错误甚至崩溃，必须对数据进行有效备份，建立良好的备份体系，保证数据库系统的正常，这在实际工作中非常重要。对于数据中心数据库可以采用完全备份与事务日志备份相结合的方式进行数据备份。可以编写数据库备份脚本，将其作为定时任务执行，日志备份每天一次，完全备份 7 天一次。

四、校园信息化门户的实现

（一）统一身份认证平台

统一身份认证平台在校园系统间实现单点登录和单点登出功能，是进行校园网用户统一身份认证，实现系统整合和集成的重要手段，可使整个环境更具扩展性。单点登录分为基于脚本的 Sso 和基于票据的 Sso 两种方式。目前技术比较主流、应用比较广泛的是基于票据的 SSCX，基于票据单点登录 (Sso) 技术被广泛应用在大型 IT 环境中，其代表产品包括微软的 Microsoft Passport

，IBM 的 KryptoKnight，Oracle 的 Sun Java System Access Manager，以及耶鲁大学发起的 CAS 项目。HTTP 协议无法区分网站的访问者，它是一种无状态的协议，但要实现单点登录的前提就是要区分用户身份。为此单点登录使用 Cookie 来记录访问者信息。CAS 项目使用 Java 语言编写，可以运行于任何支持 JSP1.2 的 servLet 引擎，提供基于 Web 的身份验证服务。CAS 是一个开源项目，可以方便地对源代码进行修改来适应个性化需求；CAS 有代理功能，且具有安全、灵活、可靠、兼容多种客户端的优点，因而被广泛使用。下面就以 CAS 为基础构建校园统一身份认证平台。

1.CAS 简介

(1)CAS 的技术特点

CAS 由多个 servLet 构成，通过 FiLter 对用户访问的统一资源标示符 URI(Uniform Resource Identifier) 进行过滤和拦截。CAS 中的 CAS Server 提供对用户认证功能，CAS Client 则为用户认证方式提供接口和多种实现方式。CAS 提供多种认证方式，可以根据自己的需要选择认证方式，或者通过其提供的接口来实现定制认证方式。CAS Client 可以通过简单地配置或修改将原有应用系统的登录认证集中到 CAS Server，在 CAS Server 认证成功后，再重定向回客户端系统。CAS Client 支持的客户端编程语言包括 Java、.net、php、buby、perl、uPortal、ISAPI 等。

(2)CAS 的安全性

用户的信息如用户名和密码以 HTTPS 方式传递，并且这些信息的传递只在用户浏览器和 CAS 服务器间进行。当用户通过认证后，CAS 客户端和 CAS 服务器端对于用户来说都是透明的，而针对用户级的 Cookie 信息进行分析的过程也是基于 HTTPS 的传递过程，客户端和服务器端间的认证都是通过用户 Cookie 中的 TGT 的 ST 进行，而客户端只接收票据信息，用户的账号和密码信息则不会接触，保证了用户密码的安全性。总之，CAS 整个认证过程均在 HTTPS 下进行，用户信息和关键票据安全性具有很好的保障。

当然 CAS 的安全性相对来说具有一定保障，但还有很多安全问题，如用户在成功登录系统操作完毕后，需要登出 (注销) 系统，整个登录和登出过程才算完整，但现实中也会出现用户在进行系统操作完毕后，没有及时退出系统，却离开了计算机，这时别人就可以直接使用其计算机访问该用户的权限内的信息和资源，这无疑是一个安全问题。对于这种情况，除了要加强对操作人员的安全意识教育外，从技术方面可以通过调整 CAS 服务器的 Granting Time、ut 和 Service Time、ut 这两个参数来设置 TGT 和 ST 的有效时间，它们默认的有效时间分别是 120 分钟和 5 分钟，可以根据实际情况进行设置。

2.CAS 源码修改

CAS 为开源项目，一般要根据实际情况对其源代码进行修改，如增加验证功能、修改 JDBC 认证方式及增加一卡通密码加密等。

(二) 应用系统建设

在共享数据中心与统一认证平台的基础上，再进行跨部门应用系统的开发是非常方便的。各应用系统的数据来源于共享数据中心，因此，各应用系统开发完成后，只需简单的 CAS 配置，就可以实现在统一认证平台的单点登录。根据高校实际可以开发一些实用的应用系统，如公寓管理系统、一卡通消费查询分析系统、校园网充值开户系统、智能供电系统、教务处自助打印系统、各类等级考试报名系统、学生工作管理系统、公寓门禁系统数等。

本节将以学生公寓管理系统为例，介绍基于共享数据中心和统一身份认证平台的跨部门应用开发方法(系统用户权限、数据库设计、系统有效性、系统扩展性、运行环境等)，并对充值开户系统、智能供电系统、自助打印系统、等级考试报名等系统做简略说明。希望通过实例，让读者理解基于共享数据中心的校园信息化解决方案的可行性、有效性和扩展性。

1. 学生公寓管理系统

系统概述：公寓管理系统主要实现对学生公寓实施信息化管理，降低公寓管理工作的复杂程度，提高工作效率。

(1) 系统用户权限说明

学生公寓管理系统用户分成三类：学生用户、公寓管理中心的操作员和系统管理员。

学生用户：可以对自己的个人信息进行管理(如联系电话等)，只能在入住或搬迁宿舍后录入或修改自己的住宿信息(住宿信息的录入或修改只能在特定时间完成，平时不允许修改)。

公寓管理中心的操作员：对学生住宿信息进行添加、修改或删除等管理操作，在非公寓搬迁时期对临时搬迁宿舍的学生进行宿舍调整操作。对无学籍学生(交换生、留学生)进行单独的管理，因住宿学生信息来源于教务管理系统，教务管理系统只有有学籍学生的信息，所以无学籍学生要进行单独管理。

系统管理员：具有操作员所有权限，同时可以对公寓信息进行添加、删除、修改，对系统用户进行管理，配置系统参数。系统管理员拥有系统最高权限。

(2) 系统数据库设计

学生公寓管理系统数据库为共享数据中心 Oracle 10g 数据库。

(3) 系统开发和运行环境

学生公寓管理系统主要以 Java 语言开发，使用 Eclipse 作为开发工具，使用“struts2+hibernate”框架进行开发。系统运行于数据中心虚拟机服务器，运行环境为 HCenos。

(4) 解决方案的有效性

现以学生用户使用公寓管理系统的流程，来说明共享数据中心和统一身份认证平台是如何支持跨部门应用系统的。首先学生用户通过 Web 浏览器访问系统，系统将其定向到统一身份认证中心，要求提交账号和密码。用户提交账号和密码后，统一身份认证中心将用户信息与共享数据中心一卡通身份表数据(来源于一卡通系统)进行匹配，匹配成功(认证成功)后，该用户可以进入系统。然后系统自身的用户角色表获取用户角色，当学生查看个人住宿信息时，系统会显示从来源于教务管理系统的学生基本信息表中获得，学生的宿舍信息则从系统内自建表中的宿舍信息表获得。

可见在共享数据中心和统一身份认证平台基础上，各应用系统在跨部门业务需求时变得简单、方便，身份认证便捷，共享数据中数据源标准正确。

(5) 解决方案的扩展性

基于共享的数据中心具有良好的扩展性，当进行跨部门应用系统开发时，共享数据中心的数据表即为共享数据，其他跨部门应用系统可以直接使用该共享数据。在学生公寓管理系统中，已建成的公寓管理系统中的住宿信息就可以与智能供电充值系统、门禁系统数据、校园网充值开户系统的相关数据同步。

在学生公寓管理系统住宿信息表中，有与宿舍对应的供电编号 (GDBH) 字段，该字段可以与智能供电充值系统实现数据共享。智能供电充值系统中，学生通过终端系统读卡器刷卡读取自己的学号，智能供电充值系统从宿舍信息表中获取该生住宿信息，根据其供电编号字段确定宿舍房间号，并判断一卡通余额，余额达到设置值，则从一卡通直接扣费，通过 Socket 通信智能供电系统进行充值。

校园网充值开户系统的充值功能与智能供电充值系统类似，在开户系统中通过获取一卡通学生的学号，再由学号得到 CAMS 系统中该学生的校园网账户，若一卡通余额超过设定值，则完成扣费充值，如充值异常，则记录异常，由人工处理。如果在 CAMS 系统中不存在该学生的账户信息时，则进入开户功能，然后读取其住宿信息中床位的 IP 地址，以 IP 地址进行 CAMS 开户，开户成功再进行充值。

对于公寓门禁系统来说，一般需要购买成品系统，再与共享数据中心进行适应匹配。如果购买的公寓门禁系统使用了 SQL Server 数据库，为使门禁系统能与学生的住宿信息和一卡通信息及时同步，可以开发专门的门禁系统数据同步程序，同步程序可以设置间隔时间自动将共享数据中心的住宿信息及一卡通卡片、账户信息等与门禁系统进行同步，同时还应考虑账户是否正常，及挂失、冻结和作废的一卡通的处理情况。

以共享数据中心为基础，可很方便地实现跨部门的业务需求，对学校各部门的业务进行整合，进而为整个校园信息化建设奠定了很好的基础，真正高效地为师生生活和工作提供便利。

2. 校园卡消费查询分析系统

校园卡消费查询分析系统可以对学生的消费情况进行实时查询与分析，校园一卡通管理部和学生工作处为该系统的使用者。系统的数据来源于一卡通系统 (提供学生的消费记录) 和教务管理系统 (提供学生的学籍信息)。系统除了查询学生的日常消费情况以外，还可以对学生消费情况进行分析，得出分析报告，作为学校开展贫困学生资助工作的依据之一；另外，还可以通过系统对贫困学生进行生活资助与补贴。

3. 教务处自助打印系统

教务处自助打印系统主要为校内师生提供相关材料打印功能服务，由学生自助打印客户端和教师客户端组成。系统运行在自助打印终端上，自助打印终端包括读卡器、触摸屏、打印机等。学生在使用自助打印终端时，直接插入一卡通，经过认证后，即可选择要打印的相关材料（如成绩单、在读证明、应届毕业生证明、准考证等）。每位学生在自助打印终端打印时，有一定的免费打印次数和张数要求，超出规定外则需付费（一卡通扣费支付）使用。教师客户端是教务处及校内各院系老师使用的终端，可以实现学生成绩单的打印及各类证明的打印，同时教师客户端还可以进行打印管理，如查看打印记录等；另外，还可以对教务系统和共享数据中心的数据进行手动同步。

4. 各类等级考试报名系统

各类等级考试报名系统是学生进行各类等级考试报名的系统，同时教务管理部门可以使用此系统对各类等级考试报名进行管理，系统学生信息数据主要来源于教务管理部门学籍信息数据。在校学生可以使用系统终端自助进行计算机等级考试、英语四六级考试等各类等级考试的报名，系统通过学生一卡通认证登录，报名过程中要求确认学籍信息与照片是否正确，报名成功后，直接从学生一卡通中扣除报名费。该系统的应用可以简化学生报考各类等级考试前的信息统计、核对、报名费收取等工作，准考证打印功能在教务处自助打印系统中实现，两系统数据进行共享。

（三）信息化门户

信息化门户是基于共享数据中心的校园信息化建设的表现层，信息化门户中集成了所有校园资源。信息化门户中包括各部门、院系导航，数字图书馆、各类教学资源（在线课程、课程资源等），各个应用系统等。信息化门户是为用户访问和操作整个校园信息资源提供的一站式访问平台。信息化门户的设计应该在用户体验和交互功能上下足功夫，使用主流的技术，具有良好的客户端浏览器兼容性，如可对计算机、手机、平板等多种终端不同的浏览器友好兼容，为师生提供友好的界面。将信息化门户界面设计成师生熟悉的 Windows 桌面风格，可以提高界面的友好性和操作的便捷性。

第六章 高校校园网络安全文化建设

第一节 高校校园文化与网络安全的关联

互联网络诞生于20世纪70年代，网络技术的高速发展把人类文化发展推进到了一个信息化新时代。高校作为文化和科技发展的高地，互联网技术的发展与高校息息相关。从广义上来讲，高校网络文化是以高校内的校园人为主体，利用互联网、计算机、局域网等作为媒介和载体，进行的特殊方式传播的所有文化活动、文化现象以及文化成果的总和。从狭义层面上讲，高校网络文化是高校所有校园人主体创造出来的网络精神、物质、制度、行为文化的总和。高校网络文化是一种独特的存在，它是网络文化发展的先驱，也是高校校园文化的重要组成部分和呈现形式。

一、高校网络文化内涵概述

高校网络文化有其物质的呈现，是高校网络文化的外在呈现和重要载体，有学者概括为包括计算机、网络、虚拟现实在内的物质的网络环境。网络技术的发展对于网络文化而言就如同坚硬的骨架对于机体的支撑，这部分既是网络文化存在的基础，也是其发展动力。制度方面的呈现则是维系高校网络正常运行的所有规范、制度以及师生对高校网络制度整体认识的总和，这个方面的涵盖面比较宽泛，包含了强制性的显性制度和非强制性的隐形约束，这其中有国家和相关网络管理部门制定的硬性法律规定，也有高校层面结合实际制定的各类规章制度，还有校园师生在长期使用网络中形成的道德约定和行为约束等。

高校网络文化精神层次的内涵则是高校网络文化中的核心和灵魂，是指高校师生在虚拟网络环境开展网络活动沉淀形成的思想观念、机制体系和网络活动的道德准则等精神形态的认知体系，是高校师生群体网络意识和网络素养的集中体现，其所倡导的价值观、思想理论和道德伦理应充分体现大学的人文精髓和育人导向，这也是高校网络文化区别于一般网络文化的特质。

正确理解和把握高校网络文化内涵要明确以下三个方面内容。

一是明确高校网络文化主体的特性。高校网络文化是基于高校这个特定环境产生的，主体构成要素是高校的校园人，每一位校园人都可以是校园网络文化创造、发展和传播的参与者，同样也是校园网络文化成果的享有者。高校校园人的主体在使用网络过程中，除了具有一般网络使用者的特性以外，在网络内容需求、在线时长、信息分类等方面有着自己的特性。当前，青年大学生群体是高校网络文化创造的活跃分子和生力军，但作为少数的高校教职工参与者更应该是推动网络文化健康、创新发展的中坚力量。

二是明确网络文化得以创新发展的基础。高校网络文化得以形成、传播、发展依赖于网络技术的迅猛发展，其形成和发展也必须遵守网络技术的发展以及网络中的语言表达、行为逻辑、信息传播的特性。从较早的高校 BBS 建设、官方网站建设、微博群到现在的“两微一端”“大学生在线”“易班”等，高校网络文化的呈现载体是在不断发展的，而且作为网络技术发展的前沿，高校网络文化呈现载体具有极强的创新性和前瞻性。

三是明确高校网络文化的核心。高校网络文化不是独立于校园文化之外的，而是校园文化在网络化时代形成的一种崭新的文化形态，无论其形态和载体随着网络技术的发展如何变化，其核心应是大学精神，其承载的时代和历史使命应是传承和弘扬大学精神，为建设高品位的校园文化服务。

二、高校网络文化基本特性

高校网络文化是植根于大学校园这一文化和精神沃土，随着网络技术的发展成长和发展起来的，比传统大学文化内涵更丰富、形式更多样，除了具有一般网络文化的共有特性之外，还有一些鲜明的特性。

一是导向性与教育性。高校网络文化具有正确的政治导向。随着网络的高速发展，世界范围内各种思想文化交流交融交锋日趋频繁，网络已成为敌对势力开展思想和文化侵蚀的“主战场”，高校网络文化建设应坚持以马克思主义为指导，始终坚持“二为”方向和“双百”方针，以社会主义核心价值观为引领，坚决抵制一切错误思想、低级文化趣味的渗透和影响。同时，高校网络文化也兼具教育性。“立德树人”是大学的根本任务，大学文化承载着育人的功能，高校网络文化在便捷的网络技术应用基础上，具有信息量更大、覆盖面更广、传播速度更快、内容和形式更生动等优势，其育人功能更为凸显。

二是自主性和先导性。高校网络文化主体是高校师生，这个群体知识面广、思维活跃、创新意识强，在前沿网络技术的支撑下，能够更加积极主动地参与到网络文化的建设中，文化觉醒的主体意识更加强烈。高校网络文化作为社会文化的重要组成部分，在一定程度上是对高校集群状态的“折射”。高校是当代社会的重要组成部分，也是文化技术高地。近年来，高校校园文化在一定程度上引领和推动着社会文化的发展方向。这个过程中，网络就像一条重要纽带，社会文化通过这个纽带对高校师生产生影响，与此同时高校先进文化影响力也会通过网络传播到社会上，并对整个社会产生了深刻的影响，引领社会文化的发展方向。

三是开放性和互动性。网络文化是基于网络技术产生的一个开放的文化系统，高校师生可以通过网络随时随地参与网络文化活动。随着国际化进程的深入推进，网上不同国家间文化交流日趋频繁。虽然高校网络文化的指导思想是一元性的，但是网络文化的呈现却是多元的，不同国家、不同学校、不同时期、不同类别的各类文化这里相互交错、产生影响。同时，在这种开放的状态中，互动性的优势更加明显，并且这种互动性会随着互联网技术的发展更加先进，更具人性化，师生之间、学生之间、学校之间、学校和社会之间甚至国家之间的交流互动会更加便捷和频繁，因此在高校网络文化的建设中更应把这种开放性、互动性调控到可控的范畴，有意识用主流价值观加强引导，使之真正成为社会先进文化的引领者。

第二节 网络文化背景下的高校校园文化建设

一、高校网络文化建设现存问题及成因

当今互联网时代下的高校网络文化建设既拥有机遇更面临挑战，网络的开放性、交互性、虚拟性、无边界性对网络文化建设和管理的可操控性提出了挑战，其主要存在的问题如下。

一是网络文化建设重要性认识不足，思想的高度决定认识的深度，决定行动的力度。观念不到位是影响高校网络文化建设发展的关键因素。一方面，从学校整体层面来看，将网络平台建设成互联网时代高校思想政治教育工作的主阵地还未从根本上成为部分学校的工作理念，缺乏敏感性和判断力，对网络文化新形态和影响力无法迅速察觉和把握，进而使得“有而不优”成为部分学校网站建设的现状，由此引发如校园网络基础设施落后、网络服务水平不足、网络监管不严和由于对网络异常敏感产生的“网络焦虑”“网络沮丧”等问题。另一方面，从师生个体而言，教师探索网络文化建设的强烈的主动性和求知欲，难以系统深入研究网络问题，无法自主解决网络问题，尤其是自主研发软件方面，能力相当不足；学生大部分仅视网络为消磨无趣时间，制造虚拟快乐的依托，而非进行学习研究的工具。

二是校园网络的建设投入不够。由于网络技术日新月异，各学校也随之加大网络建设投入，虽然学校在完善基础设施方面有所提高，但是就其与日益增加的大学生的匹配度而言，网络硬件建设远无法满足学生需求，并且不少学校没有合理的顶层设计，不善于建立校园网络文化建设的规划、资金、机构与专业人才的完整体系，这也影响了校园网络发挥其效力。

三是大学生网络素养和网络行为有待提升。网络环境是多元价值并存，各类道德标准横行的拟态环境，在这种现实被虚拟包裹交织的网络虚拟社会中，原有传统道德规范逐渐丧失其核心引导地位。人们在网络多元观的冲击下出现道德评价失范，进而出现道德规范和价值观念的选择失误等现象。在目前高校网络文化建设中，个人主导型网络失范行为是大学生主要的网络失范行为，具体体现为浏览和传播不良信息，非常规获取或盗用他人信息，恶意入侵他人网络信息，破坏信息安全以及在网络社会交往、网络用语和书写中丧失规范。

四是网络思想政治教育的有效性有待增强。一方面，网络思想政治教育是否有效受制于网络思想政治教育者自身素质。网络思想政治教育者并非都具有政治立场鲜明，道德品质高尚，专业知识丰富，网络技术娴熟等基本素质要求，也并非都能够花时间花精力，通晓网络语言，熟知媒

体文化，运用媒介工具与学生平等交流，传递网络正能量。另一方面，网络思想政治教育是否有效也受制于教育内容。教育内容应当跟随主流文化，引领红色思潮。诚然，为了进一步加强网络思想政治教育的主动性，近年来高校创建大学生思想政治工作的新阵地如“红色网站”，站在思想舆论的制高点，以网站宣传来促进良性的网络思想传播，来营造良好的网络文化氛围，然而，这一做法并没有达到预期效果，不少网站出现网页访问量不高，部分优质文章阅读量不高，有些选题得不到学生认同，目标受众参与度不高等亟待解决的问题。综上，要解决网络思想政治教育的有效性问题，我们既要逐步提升网络思想政治教育者的素质，又要不断改善网络思想政治教育的内容。

五是社会影响和多重价值判断标准对原有信仰与价值观的冲击力未能消解。社会复杂多样充满不确定性，网络随意开放极具超真实感，在这样的背景下，封建迷信、暴力色情、拜金享乐等腐朽错误的文化价值观念轻而易举经由各方渠道传播。这不仅有损风清气正的社会文化环境，也荼毒了固有的正确是非观念，更影响了社会主义主流价值的传播。随着高校网络文化的产生和发展，原有校园主流价值观被弱化，多元价值判断标准被提上台面，个性化多样化的价值体系大有取代校园文化主流价值观之势，削弱传统价值观引领校园文化的规范与育人功能。

二、高校网络文化建设新理念

我们不能对高校网络文化目前发展趋势装作“眼不见为净”，更不能抱着“事不关己，高高挂起”的心态消极回避，而应该正视当前网络环境存在的问题，肃清思想政治教育中出现的不正之风，明确网络的利弊，树立思想政治教育的新理念，提升营造良好校园网络文化氛围的主动性，在高校网络文化建设中明确思想政治教育的重要地位。

一是强化思想阵地意识。新时期，多元文化价值冲突在全球一体化不断加快的同时日益加剧，不同国家、民族、阶级拥有不同文化思想和价值观念，不同文化的摩擦与碰撞较过去更为强烈与复杂，我们应该与时俱进，利用网络，顺应主流文化，使高校网络文化成为高校思想政治教育的新手段、新载体和新阵地，并将社会主义核心价值体系和高校网络文化有机结合，在高校网络文化建设中倡导主流价值观，宣传红色正能量，充分发挥其在高校思想政治教育中的正面效用。

二是秉持以人为本理念。以人为本是坚持以人民为导向，是科学发展观的核心，更是网络文化中必须坚持的价值理念，高校思想政治教育旨在育人，就要坚持以人为本，既尊重师生普遍认同的主流价值追求，又包容不同个体合理的个性追求与价值取向；既建设满足师生学习、工作、生活需求三位一体的全面性网络服务平台，又创立面向有特长、有才艺、有想法、有需求的小部分师生的特色平台，在为师生提供一般服务的同时也能有利于师生发表看法、施展才华、提高能力、实现追求，不断提高师生的满足感、上进心、能动力与创造性，进一步促进师生的全面发展。

二是坚持开放平等思想。思想政治教育工作不应故步自封，而应该保持开放性，可以利用网络极强的交互性和开放性，焕发传统课堂的活力。一方面要保持传统课堂面对面言传身教的优点，另一方面要善用网络共享资源。例如运用网络视频与在线答疑等方式，延伸高校思想政治教育平台，改善传统课堂由于地点时间限制而无法及时传播政治教育思想的现状，也可以运用网络知识与技术不断提高教育工作者的素质。要引导教育工作者树立平等观念，正确对待网络环境中平等的学生个体，在彼此尊重的基础上，加深双方的了解，在了解的过程中传播健康的网络文化理念，传播主流的价值观念。教育者要了解网络环境，会用网言网语，尊重学生个性，走进学生心中，不忘教育使命，做好网络环境中思想政治教育工作。

三、高校网络文化内容建设

（一）提高高校网络文化内容创作能力

世界上没有完全相同的两片树叶。由于大学特色各异，不同学校的校园网络文化也存在差异。在提升校园网络文化的内容建设时，要结合学校特色，实事求是，因地制宜，根据学校发展理念和建设要求，在内容的背景阐述、话题选取、框架建构等方面逐步改进与创新，突出学校的优良传统和办学理念，深化学校的精神内核与价值追求，丰富学校的文化理念和文娱活动，以校园网络为载体，充分展示和传播校园文化的内容，进而涵育别具一格的校园网络文化。

以校园文化为基础，丰富高校网络文化的内容与表现形式，在内容上，应当充分利用校园文化多种资源，加强思想政治教育，运用网络平台开展高校思想政治理论教育、道德法纪教育和心理健康教育；丰富社会人际交往，借助校园网络促进文明、和谐、虚拟、开放的社会交流空间；提升网络主体素质，提升高校网络使用者在文化内容创造上的主动性、能动性和创造性。在形式上，举办网络活动，例如积极建设红色网站、推进网络课堂、宣传网络知识竞赛；传播高校网络文化，例如运用网络热词宣传学校历史与办学精神；增加反馈渠道，例如 BBS 论坛开设答疑板块，在接收学生信息的同时予以反馈。在新形势下，要与时俱进，在符合大学生上网规律的前提下不断完善网络文化的表现形式和内容，发挥多功能优势，努力打造主题鲜明的校园文化品牌。在找准校园文化特色的前提下，不断提高校园文化的格调，打造响当当的校园文化名片，创建一系列主题明、质量高、品牌化的文化栏目，培育一大批有实力、有号召力、有正能量的网络名编名师，创造一件件内容翔实、情感真、语言有说服力的优秀网络作品。创建文化品牌，可以通过鼓励使用多媒体平台强化师生互动，推出系列精品课程与名师讲座，开办名师栏目推出名师佳作等途径来实现，在提升校园文化知名度的同时，也应当将社会主义核心价值体系融入网络文化建设，在正确理念的引导下，不断增加校园文化品牌的识别度与吸引力，从而实现以文化人以文育人的功能。

发挥理论研究智库作用，用科学的理论成果指导建设实践认识指导实践，在校园网络文化建设中，应该用科学的理论成果指导实践。一方面，要实事求是，理论联系实际，明确网络文化建设的主题，结合师生实际需求，在理念、内容、方法上深入研究，不断创新；另一方面，要将改进方案落到实处，化理念为行动，加强高校网络文化研究基地建设，提升高校网络文化建设研究者的积极性，加大高校网络文化课题占各类社科基金的比例，不断提高高校网络文化研究的水平。

（二）创新高校网络文化传播形式

创新校园网络文化形态。内容决定形式，形式体现内容，二者相互促进，校园网络文化创新也分为内容创新和样式创新两部分，在促进创新校园网络文化内容的同时，应加强其样式的创新。校园网络文化样式创新分为两种，一种是创造和使用多样化校园网络文化样式，如通过BBS论坛、微信公众号，微博等网络文化样式，多平台同时传播或交叉平台传播校园网络文化；另一种助推传统文化的转型与升级，如纸媒电子化，把纸质版报纸、杂志等搬上电子屏幕，把依靠纸质载体转化为借助网络平台，新闻、影视、文学、教育等资源全部搬运到网络，这种创新的形式不光令人耳目一新，也更好地满足了师生员工特别是学生的精神文化生活需要。

加强校园媒体深度融合。要加强传统媒体和新兴媒体深度融合，尽快从相“加”阶段迈向相“融”阶段，实现融为一体、合而为一，不断提高新闻舆论传播力、引导力、影响力、公信力。要更新思维，探索融合媒体的表达形式。在全媒体时代，校媒要全面认识并把握新闻生产的特点和舆论环境的“变”与“不变”，尽可能回归媒体属性，遵循新闻规律，根据师生差异和媒介属性细分受众，以“全媒体”的理念组织开展各项工作，力争呈现更丰富多元的新闻产品，实现从媒体整合向媒体融合的转变，要重塑机构，为实现传统媒体与新兴媒体的资源整合与互补，需做到组织机构和管理方式的重塑与转变。要突破采编发流程再造这个关键环节，以“中央厨房”即融媒体中心建设为龙头，创新媒体内部组织结构，构建新型采编发网络。要加强全媒人才培养，加强媒体融合政策保障，推动形成“花团锦簇欣欣向荣”的校园融合传播布局。

加强网上思想文化阵地建设。高校在传播网络思想文化时要讲政治、有党性、抓主流、有筋骨，在创作网络文化内容时要不断践行社会主义核心价值观，在宣传网络文化理念时要秉持积极向上育人为先引领思想的价值追求，在符合学校自身气质的同时，绝不迎合低俗网络文化，在满足学校师生需求的同时，绝不放松网络文化建设的管制，在营造风清气正的校园文化环境的同时，在校园网络文化的建设过程中要始终传递红色正能量，积极发展新理念、努力创作新作品，坚持提高网络文化建设水平。同时也要借助高校网络文化阵地，传播中华民族传统文化的精髓，促进先进文化的数字化、网络化，加大中华民族传统文化的普及力度和传承力度。在联网传播平台推动中外优秀文化，让学校网络文化建设更加有深度，更加开放，进而不断推动高校网络文化繁荣发展。

第三节 高校校园网络安全文化构建与发展

一、加强高校网络文化制度建设的必要性

加强高校网络文化制度建设，是社会发展的现实需求，也是促进高校校园网络文化健康发展的根本保证。随着信息化的迅猛发展，高校网络文化管理工作中面临的资源统筹、组织管理、团队建设等问题愈发凸显，这对高校的网络文化管理者提出了越来越高的要求。网络文化管理是一个崭新的课题，合理的规章制度利于良好的文化价值观念和思想品德的规范化。而如何通过制度建设规范网络行为，保障高校网络管理工作有条不紊、有章可循，已成为促进网络文化的和谐发

展的现实需求。通过网络文化制度对高校师生的网络行为进行有目的的约束和有方向的指引，不仅能够有效避免网络示范行为发生，净化网络环境，维护高校正常的网络秩序，提升高校网络管理工作的实效性，也能为高校校园网络文化的繁荣发展奠定坚实基础。

二、构建科学合理的网络文化管理制度体系

高校网络文化建设是一项系统的、崭新的工程，需要积极建立健全集网络文化规范制度约束、网络技术规范与安全维护、行业自律、行政监督等为一体的网络文化管理体制和机制，实现对网络文化的监督职能、引导职能、规范职能、惩戒职能等，推动高校网络文化的健康发展。

（一）加强网络文化规范制度建设

网络规范制度为防范和阻止网络失范行为、维护网络安全、保障网络文化健康发展提供了保障。高校应在跟踪网络文化最新动态的基础上，结合学校师生的价值取向和道德标准，立足国家网络文化建设的相关的法律法规，建立健全适应于学校实际的网络文化管理制度和规范措施，切实加强对网络文化生态的约束和治理。

（二）强化网络技术规范与安全维护

网络文化是信息技术发展的产物，以技术控制技术，以技术手段监控网络是实现对网络有效管理的必然选择。网络技术规范对网络运行的程式、步骤等内容进行了明确规定，因而网络技术规范制度在防范网络文化的失范方面发挥着不可替代的作用。高校应充分发挥网络技术规范的优势，积极制定适用于学校的网络技术规范，开发并运用能够过滤不良信息、监控信息动态、防护网络安全的有关的技术，为高校网络文化的健康发展创造良好的条件。

（三）建立网络的自律和他律机制

高校应把学校监管、网络负责人自律及公众监督有效结合起来，实现对网络有害信息的“查控”“督导”和“过滤”。建立自查机制，在摸清学校各类网络媒体的基础上，明确各类网络应用的管理职责，要求网络责任人加强对所负责网络应用的监管、审核与维护，谨守法律的边界，谨守道德的底线。畅通信访举报渠道，发挥师生的主体作用，鼓励师生及时举报网上不良信息和违法犯罪活动，并通过学校有关部门加强督导整改，不断提升校园网络的“自我净化”功能。

（四）建立齐抓共管的协同机制

高校网络文化管理制度的有效运行离不开高校各单位的协同参与，因此，应结合学校网络文化管理的中心任务，建立组织领导有力、各单位协同配合、师生广泛参与的网络文化管理机制，确保网络文化管理上下贯通、左右联动。

三、强化网络文化制度执行

强化网络文化制度的执行是保障网络文化制度约束力与规范性的前提和关键，否则，网络文化制度就会成为一纸空文。

（一）注重对网络文化制度的宣传教育

对网络文化制度进行全面、细致、深入的宣传教育，是增强师生对网络文化制度的认同感和

执行意识的有效途径。要结合网络文化建设工作实际，有针对性地对网络文化制度进行解读，强化师生对网络文化制度的理解和认知，敦促师生将制度约束内化于心、外化于行。

（二）加强网络文化制度贯彻落实的组织领导

高校应明确各级党委与行政部门对网络文化制度贯彻落实的领导责任，并将制度中规定的各项举措明确责任落实到具体的部门与负责人，切实保障网络文化制度的执行。对重要制度，要组织领导班子专题学习，以增强广大党员干部特别是领导干部执行制度的自觉性，一旦出现问题，要第一时间追责问责，并督导其认真整改，确保网络文化制度的刚性执行。

（三）建立完善的监督和检查机制

建立完善的监督和检查机制是保障制度长期有力执行的必要环节，一旦缺乏相应的监督和检查机制，制度的约束作用就无法实现。因此，一方面，高校应建设一支专门的网络文化监督检查队伍，通过定期检查、随机抽查等方式，切实对高校网络文化的内容动态监控，及时监督，一旦发现问题，第一时间向相应的单位反馈，切实增强网络文化制度的约束力。另一方面，高校要依托纪律处分、外界舆论的力量的外部强制措施，有效敦促相关网络应用的负责人严格按照高校网络文化制度的要求自我约束，真正打造绿色、有序的网络空间。

四、构建科学合理的网络舆论引导体系

互联网的出现不仅改变了传统的媒介格局，也消平了传播的“门槛”，信息的发布变得更加容易，信息传播呈现快速、多向、高频等特征，网络管理者很难对网上的言论逐一进行复查和考据。高校网络舆论的形成一般有三个阶段，即个人意见—聚合放大—网络舆论。当网络舆论初见端倪时，如果没能及时做出有效引导，网络舆论很有可能会不断扩大和膨胀，并朝着不可控制的方向发展。校园网络文化建设的最终目的是以网络文化活动为载体，用先进的理论和知识实现对大学生的影响和塑造。要实现校园网络文化的这些育人功能，还要积极构建科学、完善的网络舆论引导体系。大学生正处于人生观、世界观和价值观形成的关键时期，非理性、过激和情绪化的行为仍然常见，做好舆论引导工作，直接关系着大学的发展和和谐校园的建设，也关系着高校的人才培养质量。

（一）加大对高校网络信息的监测力度

在网络时代，要想避免或减少有害信息的传播，除了依靠传统的行政管理为主的控制手段，还应依托信息技术加大对高校网络信息的监控力度，依托网络爬虫技术精准地选择抓取与学校舆情相关的网页信息，并形成预警机制，做到网络舆情尽早发现，及时处理，抢占网络舆情应对的先机，保障校园网络文化的管理者能够站在网络舆情应对的制高点来防止和剔除有害的信息，保证高校网络文化的稳定和发展。

（二）提升网络舆论引导队伍的专业化水平

一方面，高校可以依托宣传部门建立、培养出一支有一定理论功底、有较高政治素质、有较好的信息网络技术水平、能够熟练地驾驭网络并具备快速反应能力的网络舆情引导队伍。通过举

办网络舆情相关的专题培训，提升网络舆情队伍甄别、收集、整理与回复网络舆论的水平，使团队成员能够契合相关热点问题或主动设置议题及时发声，引导高校师生的舆论方向，营造风清气正的校园网络文化氛围。另一方面，高校网络“草根”中崛起的“意见领袖”，对校园网络文化建设有着举足轻重的影响力，我们可以充分发挥这些意见领袖的引导作用，尽可能地对师生进行积极引导。

（三）加强舆情研判及处置工作

在舆情研判与处置工作中，要立足师生需求，坚持以人为本的原则，及时把握舆情的特点，主动出击，正面回应，牢牢占据主动权。要及时分析高校网络舆论动态，通过对网络舆情的分析后，要尽早做好舆情的分类与研判，思考舆情的类型、发展趋势、应对策略。对于提出意见或建议类的舆论，可以向上级领导汇报后，协同有关部门及时做好充分的解释说明工作，把事情讲清楚、说明白。对于咨询类的舆情，可以联系有关部门求证后，结合师生的真实需求尽快给出回复。对于有害舆论，需要尽快搜集相关舆情信息，并上报给有关部门，经研讨后及时处置，涉及危害国家或违反法律法规的，需要与公安部门及时联系。

第七章 新媒体环境下高校网络思想政治教育

第一节 新媒体对话高校思想政治教育

新媒体逐渐展示出其相对于传统媒体的优势，也给高校师生带来了全新的生活、学习、工作体验。思想政治教育工作的开展离不开信息传播过程，新媒体技术在信息的内容与形式、收集与传播渠道等方面的重大变革，对高校思想政治教育工作的影响不言而喻。

新媒体以势不可当的魅力征服了大学生，成为他们重要的学习、交流和娱乐工具。平板计算机、智能手机和具有娱乐功能的电子产品已经不再是稀有品，这些产品几乎成为大学生必备的“圣器”。越来越多的新媒体产品和应用让大学生应接不暇，高校思想政治教育工作也因此面临着前所未有的挑战。

一、新媒体对大学生思想行为的影响

新媒体交互、即时、开放等特点极大地满足了青年学生在沟通、信息、娱乐等方面的个性需求。大学生是新媒体应用的主要用户，信息搜索、即时通信、微博、电子邮件、博客 / 个人空间、网络音乐 / 视频、网络游戏、网络文学、网络购物和网上支付等应用是大学生利用新媒体最常做的事情。大学生很容易受到外界因素的影响，人生观、价值观、世界观尚未完全成型的青年学生对新媒体中各种新闻和信息的辨识力不强，相应的，新媒体对他们的影响也是利弊兼有。

（一）开放学习与自主学习的博弈

新媒体延伸和扩展了大学生的学习空间，已经成为大学生获取知识和各种信息的重要渠道。在信息获取上，大学生普遍关心的是国际局势、政经动态、流行时尚、文体新闻、人才招聘和就业指导等信息。这些信息可以通过多种新媒体形式来获得，这为大学生实现开放学习提供了有利条件。

快速发展的新媒体技术为大学生提供了丰富的学习资源和更为开放的学习平台，增强了他们的学习能力和效率。在新媒体的促进下，大学生不仅能够及时了解和掌握本专业最前沿的知识与信息，还能打破学科界限，将所关心领域的各种信息为我所用，并将理论与实践相结合，在互联网上找到各种案例，甚至实践实习的机会。那种只看一本书，只学一种知识的时代已经一去不复

返了。针对某一问题，大学生们完全可以在计算机或者手机上利用搜索引擎搜索到各种不同的答案，也可以直接与答题者进行沟通交流。例如，“百度知道”是大学生最常用的搜索模式，它是基于搜索的互动式知识问答分享平台。用户可以根据自身的需求，有针对性地提出问题；同时，这些答案又将作为搜索结果，提供给其他有类似疑问的用户，达到分享知识的效果。新媒体技术的广泛应用的确改变了大学生的学习方式，不用坐在计算机前，利用移动客户端登录各种平台，就可以了解最前沿的知识信息，掌握最新最权威的学术动态……大学生们或主动或被动地接受并适应了新媒体对学习方式的影响。

借助于新媒体，大学生的学习空间变得更加开放，但这种开放学习所带来的自主学习能力下降也是不容忽视的。一是由于互联网上的多种搜索引擎都已转换为手机APP应用，在用手机登录查找变得更为快捷、方便的同时，也容易滋长惰性，复制与粘贴成为一部分学生做作业的习惯，制约了学生学习能力和科研能力的培养。据了解，有部分学生为了完成课业要求，直接在手机上搜索作业答案，只稍做改动或者不改动就提交，直接导致很多雷同的论述结论。甚至在很多开卷考试的考场上，学生只要一部手机就可以提交一份“完美”的答卷。二是网络上的知识和信息往往是零散、不系统的，有的还存在一定的片面性，而大学生由于受知识、经验、思维认识的局限，在专业知识的学习上，往往需要更系统、更有深度的教学与指导，而在新媒体上搜寻到的信息很容易导致大学生对问题的认识和理解不得要领、一知半解，甚至出现偏差，对他们的思维能力和辨别能力的提高有一定的阻碍作用。

（二）人际关系：圈子大了，距离远了

人是社会性动物，人们通过联系、接触、合作等方式，构成我们所在的社交网络。凭借现代信息技术和网络媒体的优势，人们已经习惯将面对面的沟通交流转移到虚拟的网络社交平台。这种突破年龄、性别、身份、背景等因素的限制，以共同的兴趣爱好、相似的生活经历或共同的理想追求而形成的社交“圈子”受到青年学生的青睐。

新媒体的出现更是突破传统社交模式的时空局限，不再需要专门去约定地点，甚至不需要同时开展。微博、微信的移动化特点不仅使时空自由度进一步拓展，而且通过其来进行图文信息甚至声音、影像的对话和交流，也弱化了彼此之间性别、年龄、地位上的差别，使得新媒体变成大学生发扬个性、结识朋友、联络交流的重要途径。

各种网络社区、腾讯QQ、移动飞信、微信等即时通信工具是大学生们最常用的。友好的界面、便捷的操作让用户间的交流沟通更加畅通无阻。大学生们突破了校园、专业的界限，通过新媒体工具寻找并融入适合自己的“圈子”进行社交活动。几乎每个人都会选择几个不同的“圈子”来满足自己的交往需求。

大学生通过网络交往，接触他人、接触社会的机会多了，沟通和表达能力得到了锻炼，随着社交范围的扩大，认知成长空间也更为广阔。但就在交往“圈子”扩大的同时，大学生与人沟通的心理距离在一定程度上却疏远了。

大学生将大量的时间用于虚拟的网络世界，若把握不好“线上生活”“线下生活”的界限，则容易脱离现实，造成沟通障碍。特别是随着智能手机的普及，学生们通过手机订阅 RSS 新闻，用手机刷“微博”、看“朋友圈”、发“状态”……但是一些学生不分时间和场合，这样就会极大地影响学习和生活质量。

大学生已经习惯于通过网络来发表意见和看法、与人聊天、分享快乐、寻求帮助，有部分学生存在过分依赖网络的现象。这对于大学生的成长与发展是十分不利的。

（三）信息多元与道德认知的冲突

大学时期正值青年学生人生观、价值观、世界观形成的关键期。新媒体多元化的信息来源弱化了高校教师和传统媒体的权威性，各种思想观念、价值取向、道德标准、生活方式等相互碰撞，新事物、新知识、新思维的快速传播，使大学生在与社会融合的过程中，逐渐调整自己的道德认知结构，最终形成正确的人生观、价值观和世界观。

新媒体深刻地影响和改变着当代大学生的校园生活，为大学生提供了完全开放性的海量信息，用户可以随时上传、获取、下载所需资料，共享程度前所未有。对于思想活跃、积极进取的大学生来说，新媒体这种高度的开放性、平等性、共享性和互动性，赢得了他们的信赖。一方面，有利于青年学生独立参与意识的发展。针对某一问题，大学生可以接受来自不同方面的建议，根据自己的观点做出独立的选择，并参与到网络媒体中的讨论，在思想碰撞过程中，最终形成自己相对成熟的观点。另一方面，则有利于增强青年学生学习的自主性。一些主流媒体和门户网站都分别开设了相关主题内容的官方微博和官方微信，通过关注和订阅，学生可以定时接收到相关推送。这些丰富多彩的内容让大学生开阔了眼界，认识到了知识、能力和实践的重要性，自发地参与到学习中来。

然而，正是新媒体信息传播的“无屏障性”导致在庞大的信息源中出现大量的“信息垃圾”。大学生正处在生理、心理发展的特殊阶段，心理敏感而脆弱，承受能力和抗压能力比较低，对于是非观念的判断还比较模糊，容易受到不良信息的影响。一是片面的或不真实的声音混淆视听，使大学生的认知出现偏差。新媒体在传播信息的同时，也能将传播者的个人观点传播给大家，尤其是随着声音、影像等处理技术的提高，使得原本完整、真实的事情可以根据传播者的价值观念及预定期望进行不同程度的剪辑，这对大学生的思想生活、思维方式、价值观都有很深的影响。二是虚拟空间的自由易使青年学生责任意识淡薄。在虚拟世界中，人们的话语权无人干涉，对于自我意识凸显的大学生来说，这会导致他们的责任感弱化，忘记自己的社会角色。三是新媒体中传播的价值观念和社会思潮冲击着我国传统的价值观念。年轻人本就没有形成稳定的价值观，在缺乏理性判断能力的情况下，天生的猎奇心理使得他们盲从，呈现出双重或多元价值标准并存的状况。这些都增加了高校思想政治教育工作的难度。

（四）个性独立与过度自我的反差

现代大学生自我意识强，更愿意追求个性发展。新媒体刚好提供了可以自主、自由地表达自己意志观点和看法的平台。借助PAD、智能手机等电子产品，随时随地都能登录网络。大学生可以根据实际情况制订学习计划，自主地浏览信息、下载各种学习资料、选择学习内容；登录常用的APP在线观看（收听）或者下载喜欢的电影、电视剧、音乐、动漫；在网络游戏中，通过角色扮演体验到另一种角色的别样人生，从而达到缓解压力、放松身心的目的；在消费平台中，选择需要的网购产品，如服装、书籍、餐饮、旅游产品等，或者团购、秒杀最实惠的生活娱乐产品；在微信群和朋友圈找到失联多年的同窗好友，在群里天南海北地畅聊吃喝玩乐。大学生可以足不出户，也可以在任何地方，只需轻松一点，就能实现"衣食住行""吃喝玩乐"的一应所需，极大地满足了他们个性发展的需求。

新媒体作为大学生沟通交流、信息获取、娱乐游戏的主要工具，在方便与简化生活的同时，也有很多不稳定的因素左右着大学生的思想。大学生有思想、有主见，个性张扬，他们向往自由、独立，追求自我价值的实现。但是，大学时期刚好是他们走出家庭、渐入社会的过渡期，学生们往往自控能力较差、反叛性较强，面对压力和挫折的承受能力较弱，这就导致青年学生在过分追求个性独立的同时，容易造成个体意识极度膨胀，个人主义价值取向凸显。首先，学生在复杂的网络环境中，对各民族文化形态、思想观念的认识不深刻，很容易淡化自己的民族文化烙印，弱化民族认同感，给高等学校培育和践行社会主义核心价值观工作带来了严峻考验；其次，部分大学生个人主义倾向被强化，产生了强烈的自我表现欲望。由于新媒体在信息传播过程中的低门槛、无屏障，导致青年学生的"朋友圈"中会经常出现背离社会主义核心价值观的内容。某些宣传过度夸大了人对物质价值的追求，而淡化了人对精神价值追求的意义，这就容易导致大学生追求奢侈享乐、关注自身价值实现的多，关心集体利益、关注国家前途命运的少。

二、新媒体对高校思想政治教育的影响

（一）权威性弱化与话语权转移的挑战

在传统的高校思想政治教育工作中，教育者不仅拥有理论上的优势，而且拥有更为系统化的知识和技能，在学生面前处于权威主导地位。但在新媒体环境下，大学生强烈的好奇心和对新生事物的认同感，使得他们成为新媒体最早的接受者、使用推广者，他们擅长利用各种移动终端获取知识和信息，部分教育者则因为观念更新不够、网络技术水平差、缺乏对新事物的兴趣等，忽视对新媒体技术的掌握和利用，对新信息、新思维的接收处于劣势的地位。教育者的信息优势地位和教育主导地位被打破，一方面体现在大学生更善于借助新媒体来寻找和吸收自己想要了解的知识，自主选择适合自己的学习方式，自由调节学习进度，减少了对教育者的依赖；另一方面体现在大学生通过新媒体获取信息的渠道更宽，接触的观点、理念更复杂，使得大学生不再满足于被动地接受教育者的灌输和安排，而是要求与教育者平等对话，这对教育者的知识结构和教育模式提出了更高的要求。

与此同时，新媒体给高校思想政治教育拓展了新的话语空间。首先，由于新媒体技术的快捷性和开放性，大学生在任何一个网络终端上都可以随意地浏览所需要的信息，或者进行实时的交

流。高校思想政治教育管理的范围已经不仅仅局限于学生在校园内的某一时间段和某个现实的物理空间。各类社交网站、论坛、微博、微信等大学生离不开的“虚拟空间”也要被纳入教育者的管理范围。其次，在新媒体中出现了很多流行的网络话语，集文字、声音、图像、影像于一身，成为一种全方位的立体式的话语体系。这些新鲜、新潮、新颖的话语形式、话语内容和话语方式为高校思想政治教育话语发展注入了新的血液和动力。用大学生易于接受的语言来进行平等的双向交流，就改变了受教育者比较被动接受的位置，从而达到交流互动的效果。最后，面对新媒体时代的新变化，高校思想政治教育者要适应新媒体“碎片化”“全天候”“即时互动”等特征，主动融入大学生所在的“圈子”，成为他们的“粉丝”“好友”，了解和掌握大学生的即时动态，进而为在新媒体环境下传播思想政治教育话语奠定基础。

（二）思想政治教育的时效性与实效性同步增强

新媒体技术改变了传统思想政治教育通过课堂、传统媒体来实现的方式，使思想政治教育跨越了时间和空间的限制，不仅传播速度快，而且具有极强的时效性。一是新媒体提供的信息丰富、及时和迅速，人们足不出户便可以了解世界上政治、经济、文化、科技、体育等各种信息，为开展思想政治教育提供了充足的资源。二是博客、空间、论坛、贴吧等是青年学生经常发布状态、表达诉求的地方，有助于施教者在这些平台中迅速、准确地了解受教育者的思想动态和所关注的热点问题，从而加强思想政治教育的针对性。三是新媒体交往的互动性、平台的多样性和主体的平等性使教育者发掘学生的兴趣点，与受教育者开展平等的对话交流，有助于教育者快速地传播思想文化，更加及时地开展思想政治引导和教育。

高校思想政治教育的目标是围绕思想道德教育、爱国主义教育、理想信念教育和全面发展教育，提高大学生的思想道德水平和科学文化素质，促进大学生全面发展与个性发展的融合，助力大学生成长成才。要使思想政治教育真正取得实效，就要兼顾教育的内在效果和外在效果，即将教育内化为大学生个体的思想道德素质，并以良好的行为举止影响身边的人，营造良好的社会氛围。一是新媒体的共享性，为教育者提供了充足的教育资源，利用多媒体方式，将声音、文字、图像、视频等内容融为一体，让受教育者在愉悦的心情中认知和学习，学习效果更加明显。二是新媒体的快捷性为教育者传播正能量提供了方便，避免了信息传递过程中的衰减和失真，通过QQ群、微博、微信、短视频等，及时地发布新鲜、有用的知识、信息，也使受教育者更乐于主动地关注学校和教育者动态。三是新媒体的跨时空性扩大了教育空间，受教育者可以方便地接受家庭、学校、社会三者的合力教育。

（三）渗透性教育与个性化教育相结合

在思想政治教育工作中，教育者与受教育者之间的信任度决定了思想政治教育的效果和质量。有效沟通和良性互动是思想政治教育工作者实现育人目标的关键。在传统的思想政治教育环境中，教育者处于“我讲你听”的位置，受教育者很难有发言权，只能被动地接受。新媒体在思想政治教育中的应用破除了这种“正面”“被教育”的禁锢。相对于传统“灌输式”教育的公开性、计划性，利用新媒体平台，教育者可以通过无计划、间接、隐性的网络活动加入到学生的“圈子”，参与到他们的话题中去，将教育目的实现于日常生活中，教育过程渗透于休闲逸致间，潜移默化地对大学生进行思想教育。

高校思想政治教育要充分利用和发挥新媒体的各种优势，改变传统思想政治教育动作划一的模式，从学生的个性出发，尊重学生的需要和兴趣，兼顾学生的全面发展，有针对性地设计教育模式。通过在主题网站上开辟学生关心的就业、勤工助学、心理辅导等专题，吸引学生的注意力，让学生主动关注思想政治教育主题网站；在学生经常登录的空间、社区等发布与学生切身相关的信息，让学生与教育者互为关注，成为朋友；在高校的官方微博、官方微信实时发布学校改革发展动态，让学生关心关注学校的发展进程，为学校发展建设建言、点赞等。

新媒体传播的参与者和传播带宽都将呈现出倍数增长或指数式上升趋势，越来越多的人进入传输网速愈来愈快的数据传送链，成为信息的传播者和接收者。与此同时，新媒体对信息，尤其是热点新闻、事件的传播将发挥几何倍增作用，因此，正面的和负面的舆论都将对思想政治教育效果产生放大的作用，这就要求高校教育者准确了解青年学生的想法，打破以往思想政治教育仅局限于校园和课堂的围墙，不断提高媒介素养，运用灵活、轻松的教育模式开展思想政治教育。

第二节 高校思想政治教育登录移动微端

面对新媒体环境下高校思想政治工作面临的机遇和挑战，高校思想政治教育者必须自觉转变教育理念，不断适应形势变化的要求，增强自身能力，探索新方式，在建好用好各种主题网站的同时，大胆利用移动微端，主动掌握宣传思想工作的主动权和话语权。

一、抢占手机网络传播新高地

手机媒体被称为继报刊、广播、电视、互联网之后的“第五媒体”。从最初的打电话、发短信功能，到现在可以进行信息获取、沟通聊天、拍照录影、网络购物、影视娱乐，以及收发邮件、移动办公等综合功能，手机的灵活便捷、功能多样使其被大众所接受，并成为大学生生活的必需品，影响着大学生的思维方式、行为习惯、价值取向和道德要求。高校思想政治教育工作必须利用手机这个新载体，不断扩展工作空间和渠道。

（一）利用手机短信开展思想政治教育

通过手机实现高校思想政治教育功能，其内涵在于通过有意识地制作、传送内容健康、丰富，符合大学生时代需求的思想政治教育信息，通过道德教育、法律法规教育等，减少手机给大学生的思想、行为带来的消极影响。

手机短信是基于存储转发技术的非实时、非语音的数据通信业务，用户通过手机或其他电信终端直接发送或接收文字或数字信息。然而，短信只能传递文字和简单的符号，在内容与表现力上显得单调。因此，当支持多媒体功能的彩信走入人们视野的时候，很快就给用户带来视觉、听觉上的全新感受。教育者要积极探索手机短信的优势和增值服务，不断拓展手机短信在大学生思想政治教育中的应用。

1. 要优化高校手机短信平台的功能，完善学生服务管理系统

通过简洁的文字和图片记载校园新闻、生活、文化、体育、娱乐等各类信息，发布青年学生关注的时事热点、高教信息等。在这方面，已经有很多高校进行了有益的尝试。如浙江大学开发的浙江大学校园学生信息服务系统“校讯通”，将手机与校园网络绑定，为学生提供校内的学术报告通知、考试成绩通知、社团活动通知等最新消息和多项服务，受到学生欢迎。

2. 要强化手机短信舆论宣传内容的编辑策划能力，构建积极健康的手机短信文化

高校要善于利用手机短信传播各类积极向上的思想政治教育信息，将手机短信作为向学生传递好声音、传播正能量的传声筒和扩音器。一要善于利用节庆日、国家重大事件、学校重要事件等契机，策划宣传内容，将国情、校情适时发布，让师生准确地了解国计民生、学校发展；二要善于编写一些人生励志、心理疏导、遵德守礼等短信发送给特定的学生群体，让受教育者切身感受到学校、老师所给予的人文关怀；三要善于开展短信创作活动，通过主题短信创作大赛，引导大学生提高手机短信的阅读和编写能力，提升文化品位。

（二）利用微博开展思想政治教育

微博的优势在于用户可以随时随地自由地表达自己的思想，并且能够以时间轴方式展现用户的即时状态。通过关注自己感兴趣的朋友，每个被关注者所表达的思想或发送的图文信息都会在第一时间通过微博客户端等方式发送到关注者手中，关注者也可以随时参加到该话题的讨论中。在高校中使用微博的群体日益增多，对校园文化也产生了很大的影响。高校要加强对学生微博使用的引导，并积极建立教育者自己的微博，真正发挥微博正面思想引导的教育功能。

1. 要设立高校的官方微博，架起高校与学生沟通的桥梁

微博的核心功能是发布信息、获取信息、参与信息交流与评价。在庞大的微博大军中，大学生占有绝对的比重。高校应充分利用微博的影响力，通过设立高校官方微博，让学生随时随地能够获取学校的各类信息，也可以针对某些校务、活动征求师生意见，通过“面对面”的交流，更好地维护师生参与学校建设的话语权、知情权和监督权，进一步促进高校科学民主管理。目前，有些高校的官方微博还没有建立起来，有的则是出自民间的自发组织，有的高校各部门分别建立了若干“官方微博”，这些都不利于新媒体急速发展时代高校思想政治工作的开展。对高校来说，不仅要及时、科学、合理地建立官方微博平台，还要维护、运行和管理好这一平台，将主流意识形态、社会主义核心价值观等思想政治教育内容融入其中，通过特色、新颖、有感召力的宣传活动，吸引学生，凝聚人气。

2. 要主动建立“关注”，积极参与互动，进行适当的正面引导

微博的“矩阵式信息裂变传播”的网络传播模式，通过用户间的转发，使得信息数量以几何倍数的方式迅速攀升，这样不但可以吸引更多的受众，而且能够关注到更多人的更多方面的信息

和信息。这为高校思想政治教育工作者进行信息控制和舆论引导增加了难度。高校教育者要积极建立和利用自己的微博，积极参与学生的讨论，并在其中起到重要的引导作用，用正确、积极、健康的思想文化占领这一手机媒体。

（三）利用微信开展思想政治教育

语音发送是对社交模式的一种新尝试，微信把手机变成了对讲机，拓宽了手机使用的范畴。传图片、视频聊天、摇一摇、扫一扫等功能让人真正体验到“沟通，就这么简单”。而微信公众平台所提供的二维码订阅、消息推送、品牌传播等个性化服务，更是给各级各类社会组织提供了另一个“营销空间”。通过这一平台，个人和组织等都可以打造一个微信的公众号，并实现和特定群体的文字、图片、语音的全方位沟通、互动，这些都迫使高校教育者必须要将微信作为思想政治教育的必备工具之一。

1. 建立官方微信，适时推送高校信息

高校的官方微信是高校官方发布新闻消息的新途径，也是学校进行品牌宣传和网络思想政治教育的新领地。高校可以利用微信公众平台推送关于学校招生就业、学生活动、学术报告、素质教育、典型人物等方面的最新信息信息，增加学校在学生、家长、社会乃至国际的关注度。为了缩小与大学生之间话语方式和年龄代沟等差距，教育者要走近学生群体，了解发生在他们周边的事，分析他们的关注点，研究他们的兴趣点，只有用有温度、有感染力、有思想的语言来发布微信消息，才能获取更多的点击率和转发率。

2. 善用微信平台助推思想政治教育效果

要拉近师生的距离，增进感情，就必须要了解学生的真实想法，沟通必不可少。微信最大的便捷之处就是沟通交流，教育者要跟上学生的节奏，善于利用微信中的各种功能。加入学生们的群聊，关注学生们的动态，成为学生们“朋友圈”的一员，与学生在微信游戏中同台竞技，并不断开发新的热点。学生们的“朋友圈”是他们生活状态、心理状态的“晴雨表”，只言片语或长篇大论，晒图片或分享链接，都是学生思想状态的真实反映。教育者要随时关注，将有可能发生的问题在萌芽状态予以解决。

3. 巧妙设置话题，发起群讨论

“群聊”是微信所具有的在特定群体内进行实时定向沟通的一大功能。它与 QQ 群类似，只要有网络、有手机，就能很方便地进行讨论。学生工作者既可以通过“群”发布各类消息、通知，也可以与学生共同商定某一项工作的具体细节，还可以有针对性地提出大学生近期关注的热点问题。

这种讨论避免了彼此面对面产生的紧张和尴尬心理，一些原本不爱交流说话的学生也可以是群聊中的积极分子。文字、图片、声音、视频的互动，改变了以往单纯的文字输入，让讨论更灵活、更真实，而且讨论内容会自动保存在微信中，便于随时查找。

（四）利用 APP 开展思想政治教育

随着移动终端软硬件的突飞猛进，智能手机的第三方应用程序 APP 已经成为移动互联网重要的入口之一。APP也就是手机客户端，可以在平板计算机、手机和其他移动设备上运行的一款应用程序。随着智能手机和平板计算机等移动终端设备的普及，人们已经习惯了使用APP客户端上网，而目前国内各大知名机构、商业企业、网站论坛等均拥有自己的APP客户端。

手机APP已经占领了消费者衣食住行等各个领域，包括教育、医疗、，支付、购物、美食、娱乐、生活信息、地图、旅行、天气、导航、影视、游戏、健康、育儿等多方面，正在潜移默化地改变着人们的工作和生活方式。手机APP的快速增长和数字化校园的发展趋势，使手机APP客户端登录高校，成为高校思想政治教育的又一平台。

数字化校园建设和发展也同样需要手机APP校园客户端的开发。一方面，利用学生对智能手机的依赖，通过建设这一动态的校园信息客户端，将学校资源更加便捷地传递给学生。另一方面，学生们有了手机APP校园客户端，可以获得更多的生活服务信息，建立更广泛的人际关系，寻找与自已有共同爱好的伙伴。校园信息、通知公告、校务管理、图书馆借书系统、课程教室查询、考务信息查询、生活服务等项目是校园APP最常用也最实用的功能。

现有的高校校园APP主要包括三类。第一类是由学校有关部门组织开发和运营的官方APP，如较早在高校中开始使用的上海理工大学。但是由于APP的使用和管理需要一个固定的工作团队来运作，这类官方校园APP在高校中的应用还不是很广泛。第二类是由第三方专业研发团队开发，学校付费或无偿使用的APP，我国高校传媒联盟、《我国青年报》等机构共同研发的“青梅”客户端是其中的代表，目前已在全国百余所高校投入使用。但是因为与用户学校学生的实际需求存在一定的偏差，学生的使用率并不高。第三类是由本校学生自主研发的应用，优点在于提供的信息更符合学生实际需求，在本学校的流行度很高。但是需要学校进行监管，避免错误信息的传播。

目前，还没有机构对国内投入使用APP的高校进行准确统计，由于开发APP的技术门槛和成本都比较低，各种类型的APP在高校风靡，而且在未来一段时间内，在相应需求的推动下，校园APP数量也将进入一个快速增长的阶段。校园APP已经受到教育和青年工作主管部门的重视。不仅如此，APP设计作品也进入大学生创业计划竞赛的参赛项目。因此，各高校也要逐步进入校园APP的开发和使用中，尤其是官方APP平台，将其打造成布局科学、内容全面、个性服务、师生共建的客户端。

二、“微课堂”改变传统思想政治课模式

新形势下加强和改进高等学校思想政治理论课的重要性，强调高等学校思想政治理论课承担着对大学生进行系统的马克思主义理论教育的任务，是对大学生进行思想政治教育的主渠道。随着互联网络和移动通信技术的发展，学生获取信息的渠道空前广泛、速度异常迅速。曾经“象牙塔”中“一心只读圣贤书”的大学生们，虽然身居校园，却是“国事、家事、天下事，事事关心”，并通过各种新媒体平台参与其中。面对网络上不同的政治观念、道德观念、文化观念和价值观念，大学生很容易面临价值选择的困惑。思想政治课作为对大学生进行社会主义核心价值观教育的平

台，需要充分占领和运用新媒体平台，优化教学方式，以充分发挥自身的导向功能。

（一）微课是微时代的产物

“微时代”，在百度百科的解释中被认为是“以微博作为传播媒介代表，以短小精练作为文化传播特征的时代，微时代信息的传播速度更快、传播的内容更具冲击力和震撼力”。进入微时代，各种小巧便携、功能强大的移动终端大行其道，从 PAD 到 iPAD mini，从 3G 手机到 5G 手机，只要随身携带一种电子产品，就能把一台计算机和一个图书馆装进口袋里，就可以随时随地了解全球信息，真正实现走到哪里学到哪里。

微课 (Microlecture) 是“微型视频网络课”的简称，由美国新墨西哥州圣胡安学院 David Penrose 首创。微课以微型教学视频为主要载体，记录教师在课堂内外教育教学过程中围绕某个知识点或教学重点、难点而开展的一种情景化、支持多种学习方式的在线视频课程资源。在微时代，微课的开发与应用不仅能够促进资源的高度共享和高效应用，也能促进教师的专业发展，更能促进师生教与学方式的根本转变。

随着移动互联时代从 3G 发展到 5G，人们通过移动终端上网的时间已经超过固定终端，这为网络化、碎片化、移动式、全天候获取学习资源提供了可能。精练、精彩的微课与传统课堂录像相比，更容易吸引学生的眼球。传统的课堂录像是以课时或者单元、章节为单位，教学目标多元，知识点之间的联系紧密，但是在教学针对性和灵活性上却有很多欠缺。而微课重在突出一个“微”字，以知识点为单位，教学目标比较单一，因为短小，就有很好的灵活性和可扩充性。

（二）微课应用于思想政治课的可行性

当前，思想政治理论课在高校一般是作为公共课开设，是高校对青年学生进行辩证唯物主义和历史唯物主义世界观、人生观和价值观教育的主要课程，它具有传授理论知识和对学生进行思想政治教育的双重功能。很多高校的思想政治课都是大班授课、合班授课，一个授课班级可达百余人，教师很难做到因材施教。“微课”的出现，刚好成为传统思想政治课教学的有益补充形式，让大学生“接受理论，爱上思政”将不再是难题。

公共课的特点是开设课程专业类型复杂，包含理、工、文、管等学科类型，各专业学生的学习需求各有不同。如何针对不同专业学生讲授有个性的教学课程，成为提高教学质量的关键问题。传统思想政治课教学往往每节课 2 课时，每个课时 50 分钟左右，学科体系的整体性和系统性的优势不言而喻。然而，“灌输式”的讲授方式则让学生兴趣缺失。微课 5 ~ 8 分钟的课程长度，不仅满足了学生利用零碎时间学习的需要，而且完成了其对完整教学内容的分割。学生对分割后的课程在学习时间的把握上更加可控，而且可以根据自己的兴趣、学习程度和学习需求，有选择性地反复学习感兴趣的课程，有针对性地学习重点、难点课程，使大学生的学习针对性更强、灵活度更高、学习效果也最为明显。

以马克思主义基本理论为中心内容，系统地讲授马克思主义理论及其在实践中的发展是思想政治理论课的教学任务，其目的在于帮助学生树立正确的世界观、人生观和价值观，并内化为自己稳定的思想品质。这就需要把传授知识和思想教育结合起来，把系统教学与专题教育结合起来，把理论武装和实践育人结合起来。微课的出现，正好改变了思想政治课难学难懂、枯燥乏味的特点，利用多媒体技术，针对不同的知识点，选择讲授、问答、启发、讨论、演示、观摩、案例、体验、情景等多种不同的教学方法，甚至可以利用地方爱国主义教育基地、学生教学实践基地等社会资源，通过置换教学场所，让教师与学生展开交互式学习。微课灵活多样的教学方式，更加注重理论和实践的结合，使教学内容更加贴近实际、贴近生活、贴近学生。

（三）"微课计划"推动思想政治课教学方法与手段革新

在众多的资源形式中，微课以其短小精趣的特征，迎合了时代的要求和大众心理，在国内外教育领域中得以快速发展。随着各类微课教学比赛活动的强力推动，微课在国内高等教育领域迅速升温，加之青年学生对在线学习、移动学习等学习方式需求的不断增加，给高校思想政治理论课向微课发展提供了深厚的应用土壤。

有教师表示，在新媒体时代，高校思想政治课教师需要练就一项授课本领，那就是能让学生把头从自己的手机、笔记本计算机和平板计算机上抬起来。微课的盛行恰好给思想政治课教育教学改革提供了契机。目前，微课在高校的应用还不是很广泛，大多是根据比赛的需求而刻意为之，往往不成体系，只是单纯地录制某一节课或某几堂课，而且对于思想政治课的应用更是少之又少。

事实上，新媒体技术的发展已经为微课的制作和传播提供了非常便利的条件。例如，网络带宽的增加、网速的提升为学生网上观看各类教学视频资源提供了保障，无须专业设备，仅是带有拍摄功能的移动终端设备的发展为微课制作提供了支持。高校思想政治教育工作者要紧紧抓住这一机遇，制订并推行思想政治课的"微课计划"，让学生把注意力集中到思想政治教育中来。

微课本身就是一种创新的教学方法，是课程改革的直接表现。实行思想政治课"微课计划"，就是要变革思想政治课程的组织、课程设计、课程结构及实施与评价，改变课程过于注重只是单向传授的方式，帮助学生形成积极主动的学习态度，使获得知识与技能的过程成为学会学习和形成正确价值观的过程；实行思想政治课"微课计划"，就是要对课程进行有针对性的设计，让方法和手段更贴合课程的需要，调动学生的积极性，强调学生个性化和个别化学习，有效地调节学生的学习步调和进度。

第三节 网络思想政治教育中的"安全"议题

高校思想政治教育工作者肩负着培养和造就社会主义合格建设者和可靠接班人的重任。在思政工作队伍中，有思想政治教育研究领域的专家、学者，有来自教学、科研和管理工作第一线的思想政治教育管理组织的领导，有思想活跃、年轻聪慧的思想政治教育基层工作者，也有思想坚定、素质过硬的学生骨干。这些人群一般都具有较高的学历、坚定的政治信仰，在开放、多元、创新的新媒体环境下，如何练好"内功"，从而更加游刃有余、积极灵活地做好高校思想政治教育工作，是值得思考的问题。

一、新媒体考验高校管理智慧

（一）新媒体对网络思想政治教育工作者的影响

新媒体不断为大学生提供学习和交流的新工具与新平台，也为思想政治教育工作者开通了更多了解学生思想状况的渠道。教育者利用新媒体了解大学生的想法和需求，及时地进行文化传播和思想引导。丰富多样的网络平台和即时通信工具，让教育者的思想理念突破时间和空间的限制，更快捷、更准确地传达到受教育者。然而，新媒体对高校思想政治教育工作的作用既有积极的一面，也有消极的一面。

首先，新媒体传播的无屏障性、无序性和技术的易更新性增加了教育者的工作难度。网络中错综复杂、无序零散的信息让大学生难以辨别；新媒体传播的隐秘为引发各种病态人格和网络犯罪提供了温床；层出不穷的新媒体应用使教育者很难在短期内适应新的教育手段和方法；虚拟网络中的不道德行为成为社会风险的重要来源等。这些都为高校思想政治教育工作者进行有效地教育引导带来了困难。

其次，高校思想政治教育工作者主导地位的权威性受到一定的消解。在新媒体环境下，特别是微时代的到来，学生可以随时随地查询各种信息，甚至教育者所讲述的内容也是学生早就知道的，而学生嘴里的新名词和新鲜事却可能是教师所不知道的。信息不对称使得教育尴尬的局面频频发生，教育者的权威性受到质疑。同时，思想更加开放的人们更喜欢以“微”搏大—新媒体环境下的高校网络文化建设。喜欢自己去分析问题、得出结论，而不是坐等教育者的当面传授，教育者在大学生成长成才过程中的主导地位受到强烈的冲击。教育者只有学会科学评估和研究互联网络对大学生思想政治工作所产生的全方位影响，不断加强网络知识和技能的学习，提高与学生网络沟通的能力，才能真正成为大学生健康成长的指导者和引路人。

（二）优化高校网络思想政治教育队伍结构

高校思想政治教育不仅仅是学生工作部门的工作，也需要组织、宣传、教务等各职能部门的积极参与和共同努力；思想政治课是大学生接受思想政治教育的主渠道，因此，“两课”教师是进行网络思想政治教育的重要力量；学生工作干部直接与大学生接触，从事学生思想政治教育、生涯发展指导和学生事务管理等工作，是网络思想政治的骨干力量。这三部分高校教育者承担着发布、传播正面信息，及时准确跟踪舆情动态，有效疏导网络上的负面情绪，引导师生正确、科学、理性地表达诉求的任务；而学生骨干也是高校网络思想政治教育队伍中最有活力、最有影响力的有生力量，他们以大学生的视角，从大学生的需求出发，用最受欢迎的语言传递最真实的好声音，传播最有说服力的正能量。

当前，多数高校都有专职和兼职的网络思想政治教师，但是由于专业背景不同，在现实工作中，难免存在知识体系上的偏差，个别教育者的思想观念也会受到新媒体某些负面信息的困扰，少部分教师思想政治工作业务能力不强等现象。因此，在新媒体不断发展的过程中，不断优化高校网络思想政治教育工作队伍也成为必然。要加大对网络思想政治教育专职队伍编制和资金的投入，不断调整专职网络思想政治教师队伍的结构，选拔政治素养高、沟通能力强、网络技术好、学生影响力强的中青年教师，重点管理好学校的主题网站、校内外论坛、官方微博、官方微信等载体，把好信息的出口，掌握好舆论的走向；要加强兼职网络思想政治教育队伍在政治素养、理论知识和网络技术应用等方面的学习培训，增强工作的主动性，及时了解学生动态，适时向学生发布权威、有用的教学和生活信息，将所掌握的舆情及时报告相关部门；要建立适当的激励机制，通过网络思想政治工作先进个人、先进集体的评选，来调动、刺激专兼职网络思想政治教育工作者的积极性和创造性。此外，还可以根据需要，培养一批年轻的网络辅导员，能够及时捕捉学生的思想政治动态，一旦发现苗头，予以有效引导，带领大学生中的骨干共同构筑新媒体言论引导权威。

二、提升高校思想政治教师的业务素质

在高校的思想政治教育工作中，教师是不可或缺的角色。特别是在新媒体环境下，如何适应并适当地引导网络舆论，如何在新媒体上客观、正确地“发声”，是每一位思想政治教师必备的媒介素养。所谓媒介素养，是指人们在认识媒介产品的过程中，能够正确地运用独立的、批判的眼光看待传播媒介的内容，并能获取、分析、评价和传输各种形式信息的能力，其关键在于能够正确地、建设性地享用信息传播资源，是新媒体时代社会成员必备的基本素质。

建立一支具有较高的思想道德素质和政治理论水平、良好的心理品质、一定的创新能力，熟悉网络且能熟练地操作多媒体的高素质的思想政治教育工作队伍，是新媒体时代解决高校思想政治教育困境的必由之路。练功夫“敏”字当头。要提高思想政治教师的媒介素养，关键是要练好“敏”字功，就是要从提升教师敏感的政治素养、敏锐的洞察力、敏捷的反应速度三个方面入手，这也是高校思想政治教育工作者的核心业务素质。

（一）要提高思想政治教师敏感的政治素养

政治素养是在政治立场、思想观念、政治品质和政治水平等方面的修养，是思想政治工作者必须具备的基本条件。高校思想政治教师既是大学生思想政治教育的教育主体，也是利用新媒体传播进步文化、引导文明风以“微”搏大—新媒体环境下的高校网络文化建设时尚的“领航员”。面对虚拟、开放、自由的网络世界，以及糟粕与精华并存的网络信息，坚定的政治立场、过硬的思想道德素质是思想政治教育工作者必备的基本素质。高校思想政治教师只有自身具备敏感的政治素养，才能在纷繁复杂的网络环境中，保持清醒的头脑，准确辨别信息属性，从而正确地引导学生利用好网络。思想政治教师要将对马克思主义基本原理的学习、思考和感悟，内化为自身的素养，变成自觉、自然的思维方式和思想方法，增强正确地看待事物、分析问题和决策工作的能力；要保持高度的组织纪律性和法律意识，在宪法和法律范围内活动，提高纪律意识，养成遵纪守法的自觉；要按照道德规范进行自我锻炼和自我改造，学会正确区分和评判道德行为，按照道德标准来规范自己的行动，提高自己的道德水平，升华自己的思想境界；要不断加强个人的心理

素质锻炼，既要有坚定的信念、鲜明的立场、顽强的意志、创新的精神，还要有宽容的品格、平静的心境。

（二）要提高思想政治教师敏锐的洞察力

当今大学生群体已经完全是新的一代，他们长期依赖网络，从中摄取大量的信息，很多原本不成熟的价值观受到冲击，严重影响了大学生的理想信念、道德伦理、爱国精神和对民族的认同感。能否正确地判断信息的性质，捕捉学生关心的热点问题，抓住问题的本质，是高校思想政治教育的关键环节。这就要求教育者练就敏锐的洞察力，能够预见网络中存在的热点新闻和敏感信息的发展趋势，从而变被动为主动。掌握了网络信息的发展方向，还要洞察学生的态度观点，判断出学生舆论的走向，才能有针对性地进行思想引导。高校思想政治教育工作者要认真、全面地学习与传播学相关的理论知识，掌握传播学技巧，利用扎实的信息传播技术知识，结合学生的思想动态，对网络舆论做出准确的预判；要与学生建立联系，互相“关注”，通过论坛、微博、微信、QQ 等与学生“同步”思维，真正了解学生们在做什么、在想什么、需要什么；要丰富自身的知识结构，在可能的条件下，多涉猎伦理学、心理学、社会学、教育学、法学、管理学等与思想政治教育相关的学科知识，能够及时地洞察学生的行为指向，分析影响学生成长的问题、难点，有针对性地制订解决方案。

（三）要提高思想政治教师敏捷的反应速度

很多教师在面对大学生时，感叹“队伍难带，思想难控”。开放性的网络要求高校思想政治教师工作时要具有敏捷的反应速度，提高网络思想政治教育的效率。首先，要树立危机意识和责任意识，正确认识新媒体给高校思想政治工作带来的机遇和挑战，准确把握复杂的信息环境可能引发的负面效应，明确大学生思想政治教育工作的必要性和重要性；其次，要熟悉网络文化的特点，提高高校教育者对信息及其特点、价值的认识，以及获取、利用、开发信息的态度和能力，通过学习实践，熟悉网络文化，掌握网络技术，提高网络沟通能力；最后，要熟练掌握计算机操作技巧，熟练使用 QQ、微博、微信、短视频等即时通信工具，当遇到违背社会主义核心价值观的信息、事件时，能够快速反应，准确做出判断，迅速制定方案并予以实施。

三、加强大学生的媒介素养教育

大众媒介中的大部分音信从来源到目的地，都是历经沧桑，而失去本来的面目。任何一个大众传播组织，都没有办法避免守门人的干扰；所以，没有一家大众传播媒介，不管报道网如何普遍，设备如何完美，态度如何真诚，都没有办法把世界的本来面目，十分真切地表现出来。大学生生活在多维的信息世界中，只有掌握良好的媒介信息选择能力、分辨能力和判断能力，才能自主、准确地选取信息、运用信息和驾驭信息。高校思想政治教育工作的一项主要任务就是帮助大学生了解和掌握媒介素养知识，提高媒介素养能力。

（一）大学生媒介素养教育现状

近年来，国内学者对当代大学生的媒介素养状况进行了多方面的调查。调查内容主要包括大学生媒介接触情况（即大学生的媒介消费水平、消费时间、消费动机及利用情况等），大学生对媒介的认知和分析能力（即媒介知识水平、媒介意识水平、媒介解读能力、媒介分析能力、媒介判断和反馈能力等），大学生的媒介道德水平，以及大学生对媒介素养教育的认识等。对各种调查结果的分析显示，目前高校学生媒介素养的整体状况不容乐观。

首先，对媒介素养的概念了解较少，对媒介和媒介信息的认知较弱。以“微”搏大—新媒体环境下的高校网络文化建设大部分大学生对媒介类别的区分、媒介的特性、媒介组织和运作规律等基本知识有一定的了解，但是对媒介使用知识和制作知识则缺乏一定的认知。特别是对媒介素养教育普遍认为“一般重要”“不太重要”。这主要是因为很多学校并未系统开设媒介素养课程。

其次，大学生对媒介信息的解读和判断能力相对缺乏。大学生能意识到媒介信息对自己知识结构、观点、思维方面的影响，也能够根据自己的感性认识对媒介信息有一定的辨识能力，但是经常忽视媒介对青年学生价值观等其他深层次的影响，缺乏对复杂的媒介信息的警惕和判断力。特别是大部分学生对媒介（尤其是新媒体）存在一定程度的依赖性，导致其对信息的是非、真假，以及信息所传递的真实目的缺乏分析与判断能力。

最后，大学生对媒介的使用能力整体水平不高。众所周知，网络是大学生接触最多的媒介。然而，很多大学生并不能正确、正面地利用网络媒体，而是将大部分时间用来购物消费、休闲娱乐、小说网游等，不能适当、合理地管理自我、控制时间，更有甚者将网络替代了日常的学习和生活，出现“网络成瘾”现象。

从总体上来看，大学生的媒介素养主要是在日常经验的基础上，通过个人判断、直接感悟而形成的，不具有系统性和深层次性。而大学生媒介素养的高低直接影响到思想政治教育工作的实际效果。因此，有意识地培养和提高大学生的媒介素养，引导和教育大学生正确地解读媒体信息，合理地使用新媒体工具，正确判断新媒体传播中所涉及的意识形态、价值观念、道德观念和政治立场等内容，是当前高校思想政治教育工作的一项重要课题。

（二）大学生媒介素养教育途径

我国对媒介素养的研究起步较晚，在高校中开展媒介素养教育也只有十余年时间。目前，上海交通大学、南京大学、浙江大学、山东大学等高校已经开设了面向全校学生的媒介素养教育公选课。但是，仍然有很多高校的大学生媒介素养教育工作还处于摸索阶段或者完全空白。

1. 开设媒介素养教育基础课程

现阶段，媒介素养教育课程一般有三种形式，即作为独立的一门必修课程、作为某一正规课程的一部分、作为一门选修课。大多数高校选择了第三种形式，开设媒介素养选修课。但是，因为选修课的授课范围相对狭窄，只能使一部分大学生受益。要想达到全面育人的目标，应该将媒介素养课程列为大学生的必修课，通过宽口径、全覆盖的媒介通识教育，让学生对大众媒介，特别是新媒体有一个整体认识，便于学生将自己零碎的媒介知识进行整合梳理。

媒介素养课程一般包括媒介基础知识，即媒介和传播的基本概念、要素和原理，以及媒介语言学、媒介心理学、传播学等知识；媒介能力，即选择能力、解读能力、分析能力、评价能力、媒介的创造和传播能力；媒介道德，即媒介传播过程中应当遵守的行为规范和准则，包括媒介伦理知识和媒介法律知识两个方面。

在课程设置方面，学校还要将新媒体知识纳入课程教学，普及新媒体知识，培养学生的媒介批评能力，理性合法地使用各种新媒体。在课程教学方面，要综合运用多种教学方法，多角度、多层次地提高媒介素养课程的教学效果。在教学评价方面，可以采取笔试、口试、调研或实践报告、多媒体作品等多元化考核方式。此外，将选修课、知识讲座、学术报告、社团活动、社会实践等活动作为媒介素养教育的补充，帮助学生遵守媒体道德与法律规范，增强大学生思想政治教育的渗透力。

2. 依托校园媒介资源，开展大学生媒介素养教育实践活动

媒介素养是在一定社会环境和成长环境中逐渐形成的。单纯的学习教育并不一定能培养大学生自知、自觉、自制的媒介素养，还需要通过大学校园中的多种媒介资源，扩展媒介素养教育渠道。例如，校报、广播、电视、新闻网、BBS、微博、微信等平台，既是大学生获取信息的主渠道，也是参与校园文化建设不可或缺的组成部分。

首先，要充分利用校园报纸、广播、电视等丰富的媒介平台，发挥其在媒介素养教育实践教学中的优势，组织学生参与到校内外新闻的采访、写作、编辑、音视频节目的录制中，通过采、编、播的参与过程，营造适合大学生们健康成长的舆论传播环境。学生记者们通过亲历采访现场、了解事实真相、撰写新闻稿件、传递正确声音，真正得到媒介锻炼，养成正确的媒介信息解读和判断能力。

其次，要充分发挥校园网络媒介得天独厚的优势，让大学生参与到校以“微”搏大—新媒体环境下的高校网络文化建设校园新媒体的使用和管理中。目前，我国高校中的各学院、系所、职能部门、学生组织等基本都开设了官方微博、微信等平台，其中的信息发布者和管理者有一部分是在校的学生。大学生们通过管理和使用这些新媒体平台，深入了解网络新媒体运行的全部过程，熟练掌握网络媒体的基本应用、信息传播规律等知识，其自身对于虚假、敏感信息的识别能力也得到提高。

最后，依托多种主题活动，深入开展媒介素养教育。目前，各高校的学生社团所组织的活动往往能受到学生们的关注和广泛参与。学校思想政治教育工作者要积极参与到学生的社团活动中，适时推出志愿服务、爱心公益、遵德守礼等类的主题活动，与大学生一起参与主题活动，适时进行教育引导；要通过内容丰富、形式多样的社团活动，开展媒介素养教育，组织摄影、微电影、微广播剧、校园公益广告、网页制作等比赛，邀请知名主持人、记者、新闻人物走进校园开展培训，进行面对面交流活动等。

3. 重视培养意见领袖

意见领袖是指在信息传递和人际互动过程中，少数具有影响力、活动力，既非选举产生又无

名号的人。这些人是信息传播的中介者、评论员、“活跃分子”，他们不仅为他人提供信息，同时对他人施加影响。价值、信源、知识面、责任意识、人际交往和社会地位等六个因素决定了意见领袖的形成及其影响力。

高校学生中的意见领袖不同于学生干部。意见领袖不需要像学生干部那样通过竞选或者直接任免，他们需要通过自己在身边的“圈子”中(社团、班级、宿舍)，经过一段时间的相处逐渐产生的。意见领袖未必都是大人物；相反，他们是生活中所熟悉的人，如同学、室友、朋友等。正因为他们是同学们所了解和信赖的人，他们的意见和观点也就更有说服力。因此，高校思想政治教育工作者可以在校园网、BBS、微博、微信等平台中培养大学生意见领袖，通过平等的对话与沟通，发布客观真实、有说服力的信息或言论来引导大学生舆论。

高校教育者要与学生中的意见领袖建立好彼此信任的情感关系，在尊重、平等的前提下，有策略地引导意见领袖接受教育者的观点，再通过他们的影响力影响身边的人。

参考文献

[1] 刘洋，李小龙，蒋辉 . 高校科研团队合著网络结构分析 [M]. 西安：西安交通大学出版社，2018.

[2] 刘玉琴 . 基于科研关系网络的高校科研管理研究 [M]. 北京：知识产权出版社，2018.

[3] 崔海英 . 高校学生网络话语与网络舆情引导研究 基于“大数据”的视域 [M]. 上海：上海人民出版社，2018.

[4] 王黎萍，李征 . 光明社科文库 网络环境下高校图书情报服务与发展研究 [M]. 北京：光明日报出版社，2018.

[5] 何林波，王铁军，聂清彬 . 网络测试技术与应用 [M]. 西安：西安电子科技大学出版社，2018.

[6] 张振飞，范明英 . 应用型高校文化建设创新与实践 [M]. 北京：光明日报出版社，2018.

[7] 王卫东 . 网络社区 [M]. 武汉：武汉大学出版社，2018.

[8] 徐剑 . 网络与新媒体传播核心教材系列 网络传播法规与伦理教程 [M]. 上海：复旦大学出版社，2018.

[9] 宋海龙 . 强力推进网络强国战略丛书 网络强国快车道基础设施铺路 [M]. 北京：知识产权出版社，2018.

[10] 王卫东 . 网络调查与数据整合 [M]. 武汉：武汉大学出版社，2018.

[11] 朱超军 . 网络安全与网络行为研究 [M]. 北京：北京理工大学出版社，2019.

[12] 潘强，许钟元，刘旭 . 高校网络思想政治教育生态系统构建研究 [M]. 北京：中央编译出版社，2019.

[13] 理阳阳 . 基于网络时代视角的高校思想政治教育研究 [M]. 北京：研究出版社，2019.

[14] 杨鑫悦 . 网络时代高校心理健康教育的探索与实现 [M]. 沈阳：辽宁大学出版社，2019.

[15] 汪徽志 . 百家文库 高校图书馆网络数据库评价体系研究 [M]. 北京：我国书籍出版社，2019.

[16] 熊焰 . 基于网络环境的高校学生心理健康教育研究 [M]. 北京：北京工业大学出版社，2019.